JN287668

イタヤカエデはなぜ自ら幹を枯らすのか

樹木の個性と生き残り戦略

渡辺一夫［著］

築地書館

はじめに

日本の森には、数百種の樹木があるといわれています。遠くから見ると、樹木はみな似たような姿をしているように見えますが、近くでよく観察してみると、樹木は種によって葉の形、幹の色、全体の樹形など、さまざまな点で外見が異なっていることに気づかされます。

ですが、種によって異なっているのは、ただ外見ばかりではありません。じつは、森の樹木の性格や生き方にはそれぞれ独特な「個性」があります。人間が多様な個性を持っているように、樹木も多様な個性をもっているのです。

忍耐強いものもいれば、せっかちなものもいるし、虫や鳥とのお付き合いの上手な社交家もいます。彼らの個性はさまざまです。

人間と同じように、樹木の一生にはいろいろなことがあります。台風も来れば、虫にも食われます。どこでライバルに出し抜かれるかもわからない。しかし、樹木はそれでも負けずに、子孫を残すために奮闘しています。厳しい環境やライバルたちに負けてしまえば、生き残ることはできません。だから子孫を繁栄させるための「生き残り戦略」も、じつに多様です。

本書では、日本の山野に自生する代表的な三六種の木を取り上げて、その個性と生き残り戦略を探ってみました。また、葉や樹皮の形などなど、樹木の特徴についても写真とともに解説しています。いくつかの樹木については、その木がどのように日本人の生活に関わってきたのか、コラムの形で触れました。

本書で解説した樹木の中に、ひょっとしたら、自分とよく似ていて、共感を覚える樹があるかもしれません。

本書を通じて、樹木の生きている世界を想像し、樹木に親しんでいただければ幸いです。

目次

第1章 暖温帯（常緑樹）

第2章　暖温帯（落葉樹）

第3章　中間温帯・冷温帯

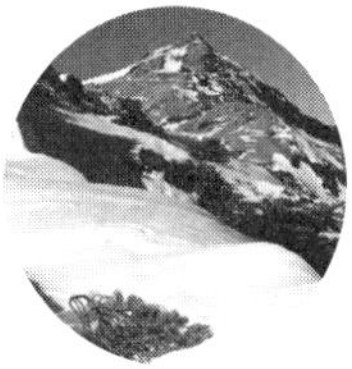

第4章　亜高山帯・高山帯

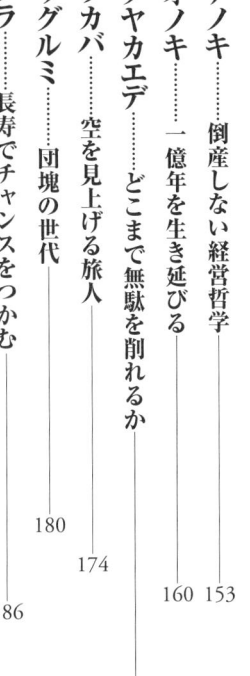

第1章 暖温帯(常緑樹)

1

タブノキ……忍耐と堅実

タブノキは海辺に多い常緑樹である。
樹形がどっしりと安定しているとともに、
成熟した森の中では、
安定して存在するタイプの木である。
その安定感を支えるのは、堅実といってもいい生き方だ。

暖かな地を好む

タブノキは本州～九州の海岸近くによく見られる。

本州～九州の沿岸部には常緑樹が多い。これは、沿岸部は冬でも暖かい気候であり、常緑樹は暖かい場所を好むからだ。

同じ常緑樹の中でも、カシ類は比較的寒さに強い。このため内陸や低山によく見られるが、タブノキはあまり寒さに強くないため、それほど内陸には分布しない。

タブノキは常緑樹の中でも特に塩分に強いことも、沿岸でよく見かける理由のひとつである。

ワックスが塩の侵入を防ぐ

海岸は風が強く、風に舞い上がった波しぶきが植物にふりかかる。植物にとって塩分は大敵である。塩分が葉の中に侵入すると、細胞の中の水が吸い出され、細胞の一部が縮んで壊れてしまうのだ。漬物の野菜から水が抜けていくのと同じ原理である。こうなると葉は枯れてしまう。海岸は植物の生育環境としては、決して甘くないのである。しかし、タブノキは塩分に耐える能力が高い。タブノキの葉は分厚く、表側はてかてかとつやがあり、裏側も白っぽい。葉の表側のてかてか光っている部分や裏側の白い部分は、ワックス、つまりろう物質である。このワックスが、塩分の侵入を防いでいるのだ。海岸は多くの樹木にとって住みにくい場所である。特に落葉樹は一般に葉が薄く、表面のワックスが少ないので、塩分に対して弱い木が多い。海岸部では、タブノキやクロマツなど塩分に耐えられる、限られた樹種しか生育できないのである。

乾燥に弱い

とはいっても、タブノキにも弱点がある。それは乾燥に弱いことである。タブノキは、土壌水分が十分にある場所でないと育ちが悪い。瀬戸内海地方は、降水量が少なく、渇水の被害が起きやすい地域として有名であるが、この瀬戸内海地域には、タブノキが少ない。乾燥に耐えられないからである。逆に、同じように暖地に育つスダジイやカシ類は、乾燥に強いため、瀬戸内海地方でも分布している。また、タブノキとスダジイの両方が生育している常緑樹林の中でも、土壌が乾燥しやすい尾根筋にスダジイ、土壌水分の多い谷筋にタブノキというように、場所によって両者の「住み分け」が見られることがある。

寒さと乾燥に弱く、塩分に強いタブノキの得意な場所は、内陸というよりもむしろ、外洋に面した（湿潤な）海辺の暖地ということになる。日本は島国であり海に囲まれているため長い海岸線をもつ。今でこそタブノキは九州から東北（沿岸部）まで分布するが、かつて二万年前に訪れた氷河期（最終氷期）の最寒期には、タブノキなどの常緑樹は房総半島や伊豆半島、あるいは九州や四国の南端の暖地に小さな群落をつくって寒さに耐えていたらしい。氷河期が終わって暖かい気候になってから、常緑樹はその分布を拡大してきたのだが、タブノキは海辺に沿って分布を拡大してきたのだろう。

鳥による効率的な種子散布

樹木には、種子を広く散布し、子孫をたくさん残そうとする性質がある。タブノキはどのように分布を拡大するのだろうか。タブノキの枝先には夏になると直径一センチくらいの球形の実がつき、黒く熟す。この実はヒヨドリなどの鳥が食べ、鳥が移動する間に外側の果肉（黒く熟したところ）だけが消化される。種子は消化されないので、移動した先の場所で、糞といっしょに落とされる。タブノキは鳥に種子を散布してもらっているのだ。鳥による種子散布は、樹木にとって効率的に種子を散布できる優れた方法だ。だが、鳥は森の中の樹木の枝にとまって糞をすることが多いので、暗い森の中に種子が落とされることが多い。特に、タブノキの好きな海辺の暖地には常緑樹が多く、常緑樹の森は暗いことが特徴だ。樹木の稚樹（小さな子供の木）が暗い森の中で育つのは容易ではない。このため、何らかの工夫がないと、森の中で大人の木になるまで育つことができない。

稚樹の強い耐陰性

暗い常緑樹林の中でも、たくさんのタブノキの稚樹が生え、育っているのをよく見かけることがある。これは、タブノキの稚樹が「日陰に耐える力」（耐陰性）が強いからだ。木が生い茂った森の中は暗い。光合成で栄養を得て生長する樹木にとって、日光が当たらないという状況は苦しい。

しかし、森に育つ稚樹のほとんどは、頭上を覆う高木が倒れるまで、暗い環境で耐えて生き延びなければならない。あるいは木と木の小さな隙間を見つけて、少しずつ生長しながら、その隙間に潜り込まなければならない。暗い森の中では、日陰に弱い木の稚樹は成木（十分に生長した大人の木）に育つことなく枯れてしまう。しかし、どうやらタブノキの稚樹は、暗くて光合成による栄養の生産があまりできなくても、エネルギーの消費を少なくすることによって生き延びているようだ。つまり、収入が少ない時は支出を抑えることのできる、やりくり上手であるらしい。

林内に育つタブノキの稚樹。
タブノキの強みは、耐陰性が強いことだ。
鳥に運ばれた種子が、暗い林内に落下しても、
発芽、生長できる。

安定感のある樹形

やりくり上手なのは、大人になっても変わらないようだ。タブノキの成木は、どちらかというと、ずんぐりむっくりした樹形である。樹高はそれほど大きくならないが、幹や枝はかなり太くなり、横に広がろうとして「下枝」(低い位置に出す枝)を出す。ブランコをぶら下げたくなるような太い下枝を張り出し、安定感がある樹形を見せる。

下枝を張り出すのは、弱い光も有効に利用できる能力があるからである。木々が隙間なく生えている森では、樹冠(木の枝葉が生い茂った部分)のてっぺんは日当たりが良い。しかし低い位置にある「下枝」の葉は、上の枝や周りの木の陰になって日当たりが悪い。普通、樹木は日当たりの悪い「下枝」は出さないか、出してもやがて自分から落とすことが多い。働かない無駄飯食いの枝葉はリストラするというわけだ。というのも、枝葉は維持するだけでも窒素などの養分や水を消費してしまう、つまり維持コストがかかるからだ。

しかし、樹冠の側面であっても、散乱光(他の木や地面に当たって跳ね返ってくる弱い光)や木漏れ日は差し込んでくる。タブノキには、このような横から当たる弱い光も有効に活用する能力がある。光合成の際に使われるエネルギー消費を減らすことができるからである。だから下枝を出すことをあまり厭わないのだ。

樹木の中には下枝を出さず、直射日光だけを求めて、周りの木と競争してひたすら背丈を高くしようとするタイプもいる。タブノキは、もちろん樹冠の頂部に当たる直射日光も大いに活用するが、ほかの木と競り合ってひたすら樹高を大きくしようとはしない。

タブノキのどっしりした樹形。
ブランコやハンモックを掛けたくなるような、下枝を横に張り出している。
樹冠の頂部だけでなく、横にも枝葉を茂らせれば、横からの光も利用できる。

極相をつくる

タブノキの葉は、枝先に車輪の軸のように放射状についているのが特徴だ。放射状に葉をつけるのは、葉がお互いに重なりにくくする効果がある。光を無駄にしないように工夫しているわけだ。

樹木の中には、光をめぐって他の樹木と高さの競争をするタイプの木も多いが、こうしてみるとタブノキは、悪い条件に耐えたり、エネルギーの無駄をなくすことによって繁栄しているように見える。タブノキの森は、大きな攪乱（山火事などで植生がなくなること）がなければ、長い期間にわたり安定して世代交代をしながら維持される。この状態を極相といい、タブノキは極相を作る種（極相種）である。安定した樹形が象徴するように、タブノキは、忍耐、堅実、安定といった言葉が似合う木のようだ。

木の個性と人の暮らし

暖地を好むタブノキは伊豆諸島でもよく見られる。タブノキの樹皮にはタンニンがよく含まれていて染料になる。八丈島では古くから黄色を主色とした絹織物である「黄八丈」が織られてきた。タブノキの樹皮はこの黄八丈の、樺色の染料として用いられる。ちなみに黒色の染料にはスダジイの樹皮、黄色にはコブナグサが使われる。なお、八丈島という島名は、織物の長さが八丈であったことに由来しているという。

外見の特徴

葉は厚く光沢がある。
葉の縁は全縁で、葉の先端は丸く突き出す。
葉は枝先に放射状につくのが特徴的だ。

樹皮は明るい灰色であり、平滑で割れない。
樹皮の表面には小さなイボ状の
皮目《ひもく》が点在する。

冬は枝先の葉の束の中心に、
赤みを帯びていて太った冬芽が
ひとつ（まれに２つ）付く。

実は球形で熟すと黒くなる。
鳥のほかタヌキも食べ
種子を散布する。

花は５月ごろに咲く。直径は 5mm 程度。淡い黄緑色で目立たない。

2

スダジイ……その場を死守せよ

動物と違って動き回れない樹木にとって、どのように生きる場所を確保するかは、重要な問題だ。スダジイは海辺に多い樹木で、タブノキのライバルであるが、タブノキよりも土地への執着ぶりは激しいように見える。スダジイはどうやって生きる場所を守るのだろうか。

ぶつからない枝

スダジイは、タブノキと並んで暖かい場所（暖温帯）に多い木である。カシ類に比べると寒さに弱く、内陸の山地ではあまり見かけなくなるが、海に近い常緑樹林ではしばしば森に優占し、純林（単一の樹種から成る森）を作ることもある。

スダジイ林の中で、頭上を見上げると、おもしろいことに気づく。それぞれの木の樹冠が、重なりあわないで、ジグソーパズルのように、わずかな隙間をあけているのである。スダジイは周りに木がある場合、下枝をあまり出さずに、てっぺん（頂部）に枝葉を集める。このため、同じような高さの木がひしめくスダジイ林では、樹冠がぶつかりやすい。隣の木や、同じ木の枝同士の樹冠が、重なり

下から見上げたスダジイの樹冠。隣の枝葉とわずかな隙間をあけて樹冠を茂らせる。
言い方を変えると、ほとんど隙間なく空間を塞いでいる。
このためスダジイ林の林床はとても暗い。

合わないように、お互いに遠慮しながら枝を出しているのである。これは、樹冠同士がぶつかって葉がこすれて傷ついてしまうのを避けるためと、枝葉が重なって日陰になるのを避けるための工夫である。スダジイは、ご近所づきあいに相当気を使っているようである。

暗い森をつくる

このように、わずかな隙間をあけて樹冠を茂らせる能力は、言い方を変えると、樹冠によってほとんど隙間なく空間を塞ぐことのできる能力と言うことができる。スダジイの枝は非常に曲がりくねっていて、しかも枝先がよく分岐している。くねくね曲がり、よく分岐した枝は、隙間なく樹冠を張り出すために、あちこちに光を探しながら伸びていった結果なのだろう。スダジイは枝を合理的に曲げたり広げたりする能力が高いともいえる。

スダジイ林の最大の特徴は、その下がとても暗いことである。スダジイの葉は分厚く、密に茂るだけでなく、隙間なく葉を茂らせるからである。枝を伸ばせる範囲の空間は、几帳面といっていいほど隙間なく埋められている。さて、森が暗いと困るのが、子供の木である。スダジイの稚樹はかなり耐陰性が高いが、暗いスダジイ林では育ちがあまり良くない。それほど暗いのだ。たまに、頭上のスダジイが倒れて光が差し込んできても、周囲のスダジイの高木が素早く横に樹冠（枝葉）を広げて、日が差し込む空間（ギャップという）を塞いでしまうことも多い。では種子を広く散布し、より明るい別の森で発芽すればよいではないかと思うのだが、それほど容易ではない事情がある。

ドングリには欠点が多い

その事情とは種子の性格だ。タブノキが鳥に散布される「液果」（おいしい果肉に包まれた種子）なのに対して、スダジイの種子は「堅果」（ドングリ）である。スダジイのドングリは渋みが少なく、しかも豊凶の差がそれほど大きくない。このため、カケスなどの鳥やネズミなどの小動物の大好物となっている。ドングリの多くはすぐに食べられてしまうのだが、一部は貯食といって巣穴や落ち葉の下などに貯蔵される。後で食べるためである。貯蔵されたドングリの一部は食べ忘れられて、発芽することができる。ドングリを作るには膨大なコスト（栄養）がかかるのだが、スダジイは、動物がわずかに食べ忘れてくれることを期待して、無駄を承知でドングリを提供しているのだ。捨て身の戦略である。膨大なコストを費やして、大量のドングリを作っても、そのほとんどは動物に食べられてしまう。しかも、ドングリは虫にも食べられやすく、また乾燥にも弱い上に、土中で生存できる期間が短い（一年くらい）のである。種子を効率的に散布できるかという視点からみると、ドングリというタイプの種子は、コストの割には欠点が多い種子なのだ。

保険を掛けて備える

スダジイはどうやってこのハンデを補っているのだろうか。それは、「延命」という戦略だ。スダジイの根元にはしばしばたくさんの小枝が出ているのを見かける。これは「萌芽枝《ほうがし》」と呼ばれるもので、主幹（一番太い幹）が倒れた場合に備えて、待機している枝である。主幹が、台風などで折れたり根こそぎ倒れた場合、あるいは病気や寿命で枯れた場合、萌芽枝のうちのいくつかが急激に伸びて、倒れた幹に代わって大きく育ち、再生するのである。このような再生を、「萌芽再生」という。萌芽再生は、いわば樹木が掛けている延命のための「保険」である。萌芽枝をつくるのにも、維持するにもコストがかかるが、それは保険料だ。こうして、寿命を長く伸ばすことができれば、ひとたび占有した土地を他の樹木に明け渡すことなく、長い期間その場に居座ることができる。長く生きればそれだけたくさんの種子を生産することができ、子孫を残す確率も増えるのである。

台風や病気以外でも、水不足や、日陰に耐えられない場合に、スダジイの主幹が枯れることがある。光や水が少ない環境では、大きな体は維持できなくても、小さな体ならばそれほど光や水分を必要としないので生き延びることができる。そこで、小さな体（萌芽枝）から再出発するのである。この萌芽再生力は、大人の木だけでなく、幼い芽生えの時代からすでにあるという。樹木の中には、幹が折れてから萌芽枝を出すものは多いが、スダジイは幹が元気なうちからたくさんの萌芽枝を根元から出している。つまり用心深い性格なのである。

スダジイは元気なうちからたくさんの
萌芽枝を根元に蓄えている。
萌芽枝は主幹が倒れた場合に備える保険である。

主幹が枯れた後、萌芽枝が伸びて再生しつつある
スダジイの姿。主幹が倒れた場合、
萌芽枝が急速に伸びて再生する。

攻めより守りを重視する

スダジイもタブノキと並んで、暖温帯を代表する極相種である。だが、タブノキと少し違うのは、

「占有した場を守る」という戦略を重視していることだろう。スダジイ林で高木が倒れ、日の差し込むギャップ（樹冠の空隙）ができると、周りのスダジイが枝葉を伸ばしたり、倒れたスダジイの萌芽枝が急速に生長してギャップをすばやく塞ぐ。スダジイは、子孫を維持する戦略として、「攻め」（種子を散布して領土を拡大する）よりも、「守り」（一度獲得した場を死守する）を重視しているのかもしれない。種子を散布するためには、親の木がなければならない。攻めるためには、守りも重要だ。

スダジイもタブノキと同様に、氷河期（最終氷期）には、太平洋側の暖地に小さな群落をつくって寒さに耐えていたようだ。氷河期が終わって暖かい気候になってから、タブノキなどとともに、その分布を拡大してきた。スダジイとタブノキはその戦略にさまざまな違いがあるが、ともにしたたかに生き延びてきたライバルである。

◉木の個性と人の暮らし

ドングリはブナ科の樹木になる実（堅果）の総称である。その形は木の種類によってさまざまだが、食べてみると渋みの強いものが多い。しかし、スダジイのドングリは、渋みが少なく生でも食べられる。でんぷんが多く、サツマイモのような、栗のような味だ。ペンチで殻を少し割ってからフライパンで炒ったり、電子レンジで加熱するとおいしい。また、粉にしてクッキーの材料に混ぜてもよい。ただし、虫にとってもごちそうであって、穴のあいたものは、虫に先に食べられてしまったものである。

外見の特徴

樹皮には割れ目が
たくさん入っている。

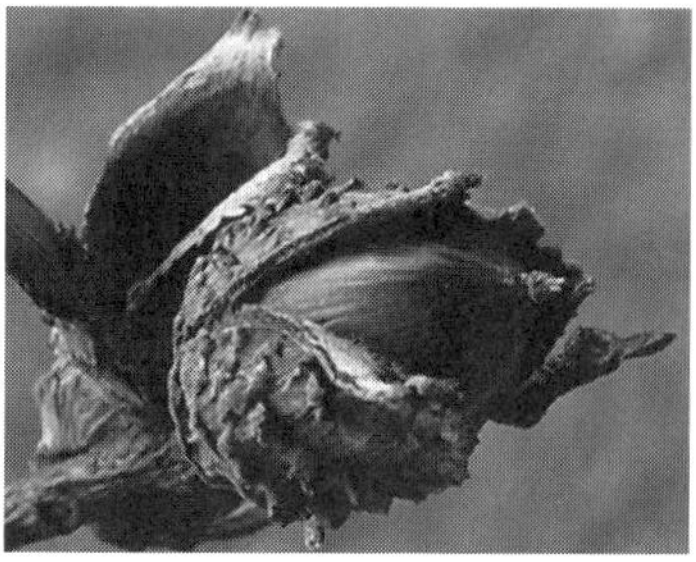

種子はドングリである。
帽子のような殻斗《かくと》に深く包まれる。

葉は厚く光沢があり、裏側は茶色い。
葉先は急に細くなりとがる。
葉の付き方は互生で、葉の縁は基本的に
全縁だが、鋸歯があるものもある。

3

シラカシ（白樫）……目を覚ました野生

人の手によって育てられてきた里山に、人の手が加わらなくなると、何が起こるだろうか。人に排除されていた木が勢いを取り戻すのである。

台地や丘陵に生育しやすい

シラカシはカシの仲間で、東北南部から九州にかけての台地や丘陵あるいは低山に見られる常緑樹である。タブノキやスダジイが海岸に近い場所を好むのに対し、やや内陸になるとカシ類の生育に適した場所となる。カシ類は、タブノキやスダジイよりも寒さに強いのである。

シラカシが台地や丘陵に生育しやすいのは、土壌の条件もある。海岸からやや内陸に入ると、多くの場所では台地や丘陵が広がっている。起伏の少ない丘陵や台地は、堆積した火山灰が雨に流されずに厚く堆積していることが多い。関東では関東ロームといわれる赤土である。火山灰の堆積した台地や丘陵は、土が柔らかく厚い上に、保水性がよい。シラカシは根を真下に深く伸ばすタイプの樹木であるため、台地や丘陵ではのびのびと育つのである。

人に排除されてきた過去

しかし、関東以西の台地、丘陵、低山を見ても、シラカシの大きな群落はあまり見られない。どちらかというと少数派だ。というのも、これらの場所はコナラやクヌギといった落葉樹が占領しているからである。これらのコナラやクヌギの森は里山とか雑木林と呼ばれ、人が薪や肥料用の落ち葉を取るために植えたり守ってきたものである。

本来はコナラなどよりも、日陰に強いシラカシの方が競争力において強い。しかし、人がコナラやクヌギの森を維持するために、下草刈りをすることによってシラカシが増えるのを長年にわたり防いできた。つまりシラカシは人に排除されてきたのである。もし人の手が加わらず、自然の状態であれば、シラカシは関東以西の里山ではもっとたくさん見られたに違いない。

逆襲が始まった

このように、人によって排除され、あまり広がることができなかったシラカシだが、最近になって増えつつある。関東平野のコナラ林では、高木はコナラだが、低い木はシラカシ、という二段構造になっていることがある。つまり、もとはコナラ林だったのだが、シラカシの若木が侵入しているのである。場所によっては、すでにコナラを追い越していることもある。

なぜ、シラカシが増えているのだろうか。それは、雑木林に人の手が加わらなくなったからである。

コナラの森に、シラカシの若木が侵入している様子

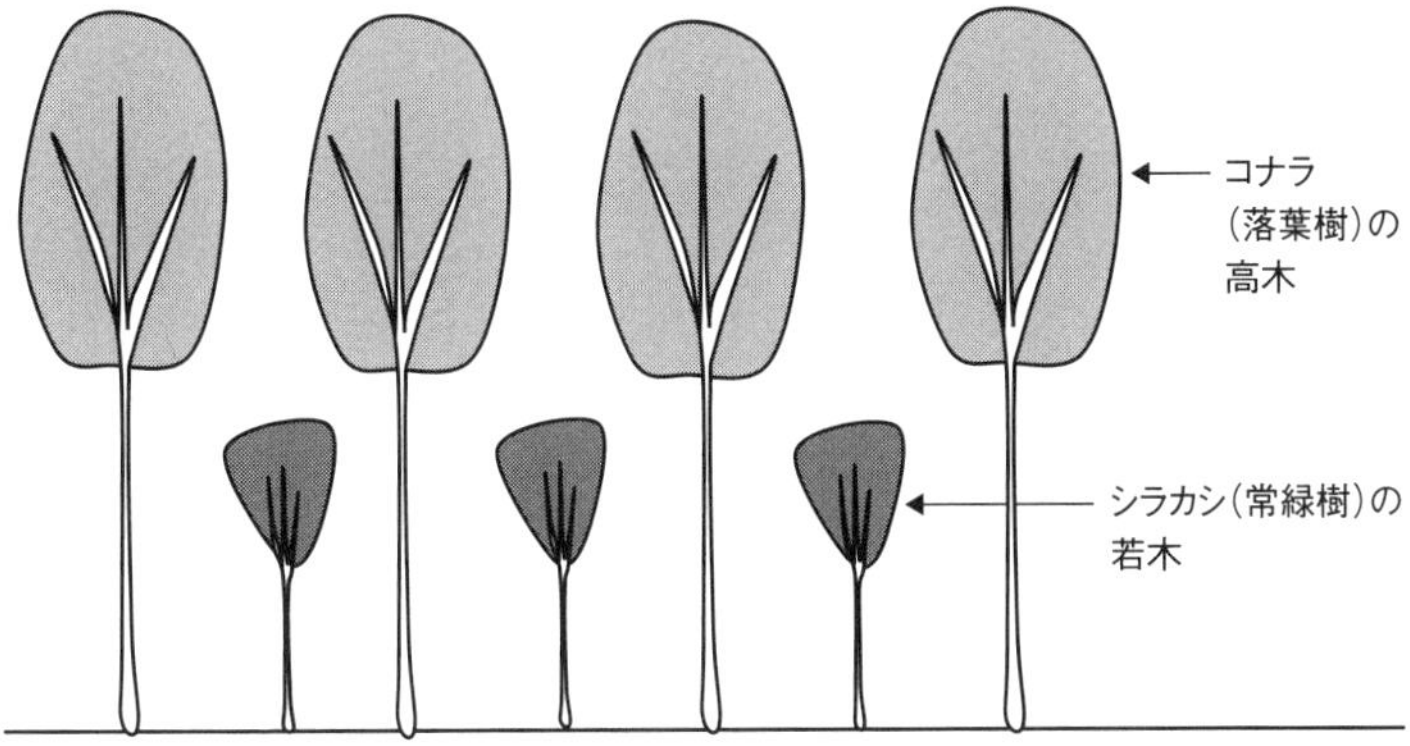

昭和三〇年代くらいまでは、燃料には薪や炭、肥料には堆肥が使われていた。風呂も薪で焚いていた。しかし、昭和四〇代以降になると、ガスや化学肥料が普及したことによって、雑木林のコナラ林を利用することはなくなってしまった。そこで、ここ五〇年間くらいは、コナラ林は放置され続けており、林内にシラカシが増え始めているのである。それまで雑木林から排除されてきたシラカシの逆襲が始まったのだ。

萌芽によりしぶとく再生する

シラカシの種子はドングリである。ドングリの種子がどのように運ばれるかはまだよくわかっていない部分もあるが、主にカケスなどの鳥やネズミなどの動物によって運ばれるようだ。また、シラカシは強い萌芽力をもっている。コナラ林に生えてきたシラカシの稚樹を切っても、萌芽によってしぶとく再生してくる。ドングリは乾燥に弱く、寿命も短いが、種子が発芽して稚樹や若木になってしまえば、そう簡単に死なないの

シラカシの極相林。シラカシの高木の下に
その稚樹が待機している。
シラカシの稚樹は強い耐陰性をもっており、
親のシラカシの木の下でも暗さに耐えられる。

シラカシの切り株と萌芽枝。
萌芽力は強く、
伐採しても切り株から
萌芽枝が盛んに生えてくる。
不死身に見える生命力だ。

である。シラカシの稚樹の生長は速い。かれらは人の手が加わらなくなると、ぐんぐん伸びていくのだ。野生が目を覚まして、本来の姿を見せるのである。

耐陰性という武器

シラカシの強さの秘訣はまだある。「耐陰性」である。シラカシの稚樹は、カシ類の中でも最も強い耐陰性をもっており、かなり暗い森の中でも平気で育つ。

これに対して、コナラの稚樹は耐陰性が弱く、森の中では育たない。コナラは山火事の跡地のような明るく開けた場所でないと育たないのである。この耐陰性の違いが森の姿を変えていく。やがては、シラカシの若木がどんどん大きくなり、シラカシ林にすっかり変わる森も増えてゆくだろう。このように日陰に強い木が、日陰に弱い木に取って代わるプロセスを「植生の遷移《せんい》」という。遷移の最終段階を「極相」というが、耐陰性の強い木は極相の森を作る。シラカシによる極相の森では、シラカシが世代交代をしながら長い期間優占しつづけるのだ。

休まない常緑樹

シラカシがコナラ林に侵入できる理由は、耐陰性だけではない。常緑樹であることもその一因である。常緑樹の葉は、落葉樹の葉よりも光合成の能率は悪い。にもかかわらず、常緑樹は年間を通してみると落葉樹と同じくらい光合成の生産量がある。なぜなら、落葉樹が葉を落として眠っている冬の間も、常緑樹は光合成をすることができるからである。冬の落葉樹林の林床は明るい。たとえ背の高さはコナラよりも低くても、冬の間シラカシは光を独占できるわけである。植物は低温になると光合成を行うことが難しくなってくるが、冬でも日中は暖かい日が少なくない。冬の間も働くことによって、年間を通して落葉樹に匹敵する光合成を行って、十分な栄養を生産しているのだ。シラカシの戦略は、歩みは遅くとも、昼寝をしているウサギを追い抜いていくカメの作戦と似ている。雑木林の多くが、冬は明るい落葉樹林である。そこはシラカシにとっては育ちやすい場所といえるだろう。

人が残した母樹

では、広がりつつあるシラカシの母樹（親の木）はどこにあるのだろうか。その拡大は人に妨げられてきたとはいえ、シラカシはすべて排除されてきたわけではない。シラカシは真っすぐ伸びるので、かつては雑木林の一角に植えられ、家の土台などの建築材に用いられた。材が堅いため、農工具の柄としても使われてきた。また、常緑で樹形を整えやすいため、関東では農家の屋敷林（防風や防火、日よけのために、家を取り囲むように植える樹木）として植えられた。このような木を母樹としてシラカシは広がっているのである。里山の森は人の影響を抜きにしては語れないようである。

外見の特徴

樹皮は灰色か黒っぽく、滑らかであるか、小さいイボが沢山ついている。
樹幹はまっすぐ伸び上がり、あまり曲がらない。

種子はドングリである。
ドングリとしては小粒のほうだ。

葉はやや厚く光沢があり、細長い。
葉の全周にゆるい鋸歯がある。
葉の裏は薄緑色。

4

アラカシ……逆境こそチャンス

アラカシは、たとえ崖であっても、しがみつくように根を張って育つ樹木である。逆境にもめげず、それをチャンスに変えていく、そんな強い生命力を感じさせる木だ。

生命力の強さ

同じ常緑樹のカシの仲間でも、シラカシを上品な木とすると、アラカシは葉が密に茂り、雑然とした印象を与える木である。その枝葉が粗く、堅いことから「粗樫《あらかし》」と名がついたという。急傾斜地に多く、不安定な斜面で、枝葉を斜めに張り出すことが多い。

アラカシはどこか強い生命力を感じさせる木である。種子のドングリも、毎年のように大量につける。アラカシのドングリは、縄文人も食料としていたようだ。一九六七年に佐賀県の坂の下遺跡（縄文時代中期の遺跡）から出土したアラカシのドングリは、縄文人が食料として貯蔵したものだった。そのドングリは、驚くことに四〇〇〇年の眠りから目を覚まし、芽を出して、現在も佐賀県立博物館

アラカシの芽生え。
アラカシのドングリは、１〜２年以内に発芽力を失うようだ。
しかし、発芽してからは、
急傾斜地でも育つ強い力をもっている。

の敷地内ですくすくと育っているという。ドングリの形をした種子は一般に休眠できず、一〜二年以内に発芽力を失うといわれているが、縄文時代のドングリが四〇〇〇年間休眠しそして目覚めたことを考えると、その強い生命力は神秘的ですらある。

受難の歴史

佐賀県のドングリが寝ていた四〇〇〇年間、アラカシはどんな運命をたどっていただろうか。じつは、あまりいい境遇ではなかったようだ。氷河期（最終氷期）が終わった後、今から一万年前あたりから気候が暖かくなって、アラカシなどの常緑樹は分布を広げようとしてきた。しかし、人間の行為がその拡大を妨げてきたのである。日本人は古くは縄文時代から、焼き畑農業を行ってきた。山を焼き払った後の土地は畑として利用するが、地力が低下すると土地を放棄し、森林が回復すると、再び火を入れて畑にするのである。比較的近年まで、このような繰り返し火を入れる焼き畑農業は日本各地で行われていた。また冬に乾燥する太平洋側では落雷などによる自然発火や、人間の失火による山火事も多発した。このような焼き畑や山火事で、攪乱（植生がなくなること）が繰り返される土地には、コナラなどの落葉樹やマツ類はよく定着するが、いわゆる陰樹といわれるカシ類は定着しにくいのである。

また、西日本では陶器を焼くための薪としてカシ類が激しく採られた時代もあったし、コナラやクヌギなどの雑木林を守るために排除されてきた時代も長かった。まさに受難の歴史だったわけである。

渓谷の崖のアラカシ林（神奈川県道志川）。
アラカシは乾燥に強いため、
他の多くの木が育たない崖でもよく見られる。
環境の厳しさに耐えられれば、崖は競争相手が少ない上に、
人の手も加わりにくく、
まとまった群落を維持することができる。
その群落は、分布を拡大するための母樹集団ともなる。

急斜面に多い

内陸の河川に沿った渓谷を歩いていると、アラカシが渓谷の断崖にへばりつくように生えているのを見かけることがある。アラカシは丘陵や低山ならば比較的どこでも見かけるが、特に急斜面や崖に多い。

急斜面は土砂が移動しやすい。土砂が移動する急斜面は、小さな実生や稚樹は根こそぎ倒されるため、多くの樹木にとって定着しにくい場所である。また、土壌が薄かっ

たり、岩盤が露出しやすく乾燥しやすいことも樹木の生育に障害となる。中でも崖は風当たりも強く、最も乾燥しやすい場所だろう。

崖に生えているアラカシを見ると、根を岩盤の割れ目に差し込んでいるのがわかる。水分や養分を得るために岩をも割る気概なのだろう。アラカシが崖に生えることができるのは、乾燥に強いからだ。アラカシは、葉から水分が蒸発するのを防いだり、体内の浸透圧をうまく調整することによって、地中から水分を吸い上げる力を高めているようだ。

「住み分け」をするカシ類

カシ類の樹木の外見はよく似ているが、環境に対する適応力には、微妙な違いがある。寒さに対してはアカガシが強く、乾燥に対してはアラカシとウラジロガシが強い。また、耐陰性ではシラカシとウラジロガシが強い。このような適応力の違いを反映して、それぞれに得意とする土地条件があるようだ。乾燥に強いアラカシとウラジロガシは急傾斜地に多く、寒さに強いウラジロガシとアカガシは比較的標高の高い山に多い。このようにカシ類は「住み分け」ることがある。

「天は二物を与えず」というが、樹木でも、寒さにも暑さにも強い、乾燥にも湿潤にも強い、日陰にも日向でもよく育つ、そんなオールマイティーな「スーパーツリー」は見当たらない。これは、体にまわせる栄養は限られていることや、役に立たない余計な器官をもっていると生き残る力が弱くなるからであるようだ。樹木が育つ場所の土地条件は、じつにさまざまだ。その土地条件は、生き残る樹種を選別（淘汰）する圧力となり、「住み分け」を生み出す一因になっているのである。

ストレスに耐えて生き延びる

関東では屋敷林としてシラカシがよく植えられていたが、関西の屋敷林としてはアラカシが多い。アラカシも、コナラなどの落葉樹よりも耐陰性が強いため、関西ではアラカシが落葉樹の雑木林に侵入し拡大しつつある。関東で起きているシラカシによるコナラ林への侵入と同じ縮図である。

一方で、あまり屋敷林には用いられない関東では、アラカシは急傾斜地や石灰岩地など特殊な地形、地質の場所に多い。そういった場所は、樹木の生育には厳しい環境ではあるが、あまり競争が激しくないので、その環境に耐えられる種にとってはまとまった群落を作りやすいのである。

避難所となった急斜面

アラカシにとって、急斜面は競争が激しくないという利点があった。この他にも、別な利点がある。それは、人が入りにくい場所であったという点である。日本ではおよそ集落から見える範囲の山は、ほとんどが雑木林として人の手が加えられてきた。アラカシの材は農家の自家用の薪に用いることもあったが、コナラやクヌギを育てるための雑木林では、アラカシは排除される対象であることが多かった。

しかし、急傾斜地は、人が入りにくく、人間活動つまり伐採の手が及びにくかった。このため、アラカシにとって急傾斜地は、人による排除を避けて、まとまった群落を維持できる、いわば「避難所」になったのである。

五〇年ほど前から、里山の雑木林には人の手が加えられなくなってしまった。急斜面などにまとまって生き残っていたアラカシには、分布を拡大する絶好のチャンスである。

　およそすべての樹木は、自らの子孫が繁栄することを願っている。樹木が子孫を残したり、分布を拡大するには、逆境の中であっても母樹（親の木）の集団を維持し、じっとチャンスが来るのを待つことが重要なのである。

外見の特徴

葉は厚く光沢があり、葉の先はしっぽ状に突き出す。
葉の先端側の半分だけに粗い鋸歯があることが
最大の特徴。葉の付き方は互生。

樹皮は灰色で滑らかである。

5

アカガシ（赤樫）……冬を過ごす知恵

アカガシはカシの仲間の常緑樹である。
常緑樹は一般に寒さを嫌うが、アカガシは常緑樹としてはかなりの寒さに耐えられる。彼らはより暖かい場所から長い年月をかけて現在の生育地に移り住んできた。その歴史の中で、冬という季節にうまく適応してきたのである。

内陸の常緑樹

アカガシは、カシ類の中でも、内陸の山地に多いカシである。山地では、標高が高くなるに従って気温は低下する。また、同じ標高であっても、沿岸地に比べると内陸は冬の寒さが厳しい。一般に常緑樹は寒さに弱いが、アカガシは比較的寒さに強いため、内陸の山地でも生育できる。アカガシは、やはり寒さに強いウラジロガシとともに関東や西日本では標高五〇〇〜八〇〇メートルくらいの高さによく見られる。

カシ類の中では乾燥にやや弱いが、山の中腹では霧が発生しやすく、この霧が乾燥を防いでアカガシの生育を助けているという。

寒さに強い秘訣

寒さに強い理由の一つは、冬芽《とうが》や葉を凍結からしっかり守っていることである。冬芽とは、冬の間は生長を止めて休眠し、春になってから開く葉や花の芽である。冬に気温がマイナスになる地域では、冬芽や葉が凍ってしまう危険がある。冬芽や葉の細胞の中の水分が凍ってしまうと、氷の破片が細胞を傷つけて、やがて冬芽や葉が枯れてしまう。これを防ぐために樹木はさまざまな対策をとっている。その対策とは、冬芽や葉の凍結を防ぐために、細胞の中に糖分を増やして凍りにくくしたり（不凍液と同じ原理である）、細胞の外側をわざと凍らせて、細胞の内部が凍るのを防ぐ、といった対策だ。このような、細胞の凍結を防ぐ能力を「耐凍性」という。アカガシは常緑樹の中でも耐凍性が高く、葉や芽の細胞はマイナス一五℃まで凍らない。逆にいえば、毎年のようにマイナス一五℃以下になる場所ではアカガシは生育できない。

晩霜の被害を防ぐ

また、カシ類の冬芽は、乾燥と寒さを防ぐための芽鱗（タケノコの皮のような覆い）にしっかりと包まれている。芽鱗は葉の変形したもので、進化の過程では、当初は乾燥に対する適応として生まれたらしいが、その後寒さよけとしても活躍するようになった器官である。

冬芽は、春になったら開くが、そこにも危険が待ち構えている。春になっても、寒さがぶり返す日がある。晩霜である。春になって冬芽が目を覚まし、一度葉を開いてしまうと、もとの冬芽に戻すことはできない。冬芽の状態では寒さに耐えられても、開いた若葉は弱いため凍えて枯れてしまうのだ。

アカガシの冬芽。冬の寒さに耐えるために、何枚ものコート（芽鱗）に包まれている。冬に気温がマイナスになるような寒い土地で獲得した体制である。

この晩霜に対して、アカガシは開葉の時期が遅く（関東では五月以降）、被害が少ない。

冬芽とは何か

そもそも冬芽とは何か。それは、亜熱帯にいた樹木（タブノキ、スダジイ、カシ類など）が、温帯（暖温帯）に進出したとき、冬の寒さに耐えるために身に付けた体制である。亜熱帯と温帯の大きな違いは、冬に気温がマイナスになるか否かである。熱帯や亜熱帯（たとえば沖縄）では冬でも気温がマイナスになることはない。したがって、一年中（つまり冬でも）葉を開いたり枝を伸ばしたりして生長を続けられる。だから、芽が休眠する必要がない。しかし、温帯（暖温帯）では冬の気温はマイナス以下になる。そこでは、冬に芽を開いてしまうと枯れてしまう。沖縄は亜熱帯だが、九州は暖温帯や冷温帯である。だから、沖縄の常緑樹を九州にもってきて植えると、寒いさなかに芽が開いてしまって枯れることがある。これを防ぐために、暖温帯に自生する樹木は、冬の間は新しい葉を開かず、芽を休眠させてしまう体制を身につけた。これが冬芽である。

日本の暖温帯に見られる常緑樹も、もとは熱帯に分布していて、それが亜熱帯を経て、温帯にまで拡大あるいは移動してきたものらしい。その過程で冬芽を発達させ、生長に不適な時期である冬を「休眠」によってやりすごす能力を獲得するようになった。冬芽は「冬のある土地」（温帯）で生きていくためにに進化した体制だったのである。

落葉樹とはどこが違うのか

アカガシが耐えられる限界よりも寒い（標高の高い）地域は、ブナなど落葉樹の生育するエリア（冷温帯）となる。常緑樹は、冬になると、芽は休眠させるが、葉は落とさない。一方、落葉樹は、芽も休眠させるが、葉も落としてしまう。冬に葉を落とす性質を「落葉性」というが、これも一種の「休眠」である。落葉樹が半年（秋と冬）も休眠するのは、もったいない気がするが、日本の場合、涼しい冷温帯であっても、夏の間は十分に気温が上がるので、高い効率で光合成ができる。春から夏にかけての半年で一年分の栄養を稼げるのだ。

アカガシは、冬芽によって寒さに適応しながら、亜熱帯から暖温帯へと分布を拡大していった。ただし、常緑を維持し、落葉性は獲得しなかった。一方、アカガシが属するブナ科にはブナ、ミズナラ、コナラなど落葉樹も多いことは興味深い。彼らは、落葉性を獲得する方向へ進化した種である。

苦手な北斜面

アカガシやウラジロガシが分布するのは、常緑樹の多い暖温帯と、落葉樹の多い冷温帯の境界に近い。こういった生育限界に近い場所では、微妙な地形の違いが樹木の生育に大きく影響することがある。たとえば、斜面の向きである。カシ類などの常緑広葉樹は、北斜面に少ない傾向がある。内陸の山地では、同じ山でも、北斜面に落葉広葉樹（イヌブナ、クマシデ、ケヤキなど）、南斜面に常緑広葉樹（カシ類など）といったように「住み分け」をしていることがある。カシ類などの常緑広葉樹は北斜面が苦手なようである。一般に常緑樹のほうが落葉樹よりも耐陰性が高く競争力が強い。それなのに北斜面に侵入しようにも、できないのである。

常緑樹が北斜面に侵入できない理由のひとつは、おそらく冬に光合成ができないからである。常緑樹の有利な点は冬に光合成ができることである。しかし、北斜面はたとえ最低気温が南斜面とそれほど違わなくても、冬の光合成に厳しい条件がいろいろと揃っている。たとえば、北斜面は日当たりが悪い。日当たりが悪いと日照時間が短くなるし、葉の温度が低くなり光合成の能率が低くなってしまう。土壌水分が凍結して水不足になるのも悪い条件のひとつだ。こういった悪い条件が複合して、北斜面の常緑樹は生長がよくないのだろう。逆に、落葉樹にとって南斜面は、耐陰性の強い常緑樹が居座っているし、しかも南斜面は乾燥しやすいために侵入しにくい場所である。一般に常緑樹は乾燥に強いが、落葉樹は乾燥に弱いのである。

温暖化を喜ぶ

樹木の種の分布範囲を決めている要因は何だろうか。北限（山では上限）を決める要因は、冬の寒さと、寒冷地では夏の生育期間の長さ（温量）である。一方、南限（山では下限）は、夏の暑さと、春の開芽に必要な冬の低温の量だ。樹木は冬に一定の低温を経験しないと春に目覚めない。しかし、種の分布はそれだけで決まっているのではない。その境界は、種間の「競争」の結果、最終的に決まるのである。

もし、地球が温暖化して、冬の気温が高くなると、まっさきに喜ぶのはカシ類ではないだろうか。江戸時代は今より気候が寒かったようで、カシ類が分布を広げるには厳しい時代だったようだ。現代は、江戸時代よりはだいぶ暖かくなり、常緑樹が拡大するには、より有利な時代になった。そして将来、もし地球の温暖化が進むと、カシ類はより高い標高の場所や、北斜面へと進出することができるかもしれない。

外見の特徴

葉の縁は全縁であることが最大の特徴。
葉の付き方は互生で、葉脈が浮き上がる。
葉柄は２～4㎝と比較的長い。

樹皮はうろこ状にはがれて、橙色や茶色の
まだら模様になることも見分けるポイントになる。
ただし、若い木ははがれない。

◉木の個性と人の暮らし

アカガシは漢字で書くと「赤樫」であり、材が赤い（茶色と言ったほうが良い）ことからその名がついた。他のカシ類と同様に、材は堅く重く、強い。このため、アカガシは高級な木刀の材料に使われる。また、強さを生かして機械の台座や枕木など特殊な用途にも使われる。これは、古代もそうだったようだ。一九七八年に大阪府藤井寺で古墳時代の修羅（重い石材などを運ぶための大型の橇《そり》。丸太のコロの上に乗せ、重量物を運ぶ）が出土した。この修羅はV字型で、全長八・八メートル、重さ三・二トンと巨大である。材料は大きなアカガシであった。根元から二股に分かれたアカガシの大木をうまく利用してV字型に加工したものである。二股に分かれる根元の部分の幅は一メートルを超え、もとのアカガシが大木だったことがわかる。カシ類のなかでも、アカガシは巨木になる。全国には直径二メートルにおよぶ巨樹が見られる森がいくつかある。なお、前述の古墳時代の大きな修羅は、「大阪府立近つ飛鳥博物館」で展示されている。

アカガシの巨木（静岡県）。

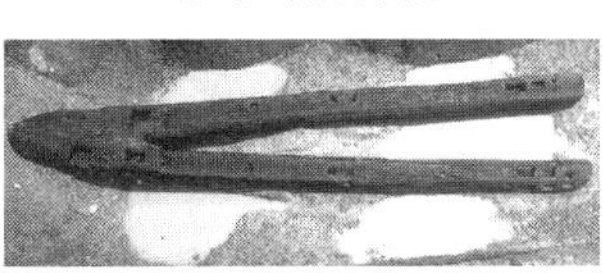

古墳時代の修羅
（写真：大阪府立近つ飛鳥博物館）。

6

ヤブツバキ……競わない生き方

樹木にとって高く大きくなることは、たくさんの光を獲得できることを意味する。それはとても有利な戦略にみえるのだが、樹木の中にはあまり大きくならない木もある。しかし、それもひとつの戦略である。

亜高木層に多い

ヤブツバキは東北より南の暖地に分布する常緑の小高木である。ヤブツバキは日当たりのいい場所では一五メートル程度の高さまで育つこともあるが、ほとんどそれほど大きくならない。むしろ、「亜高木層」に非常に多い。森は、高木、亜高木、低木と高さによって階層をなしていることが多い。亜高木層は高木層の一段下の位置にあるので、頭上に高木の樹冠が生い茂っている。このため亜高木層は日当たりが悪い。しかし、ヤブツバキの耐陰性は非常に強く、日当たりが悪くても枯れることなく生き延びている。ヤブツバキは弱い光を活用して光合成を行い、呼吸による消費量を抑えることによって、生活に必要な栄養を得ることができるからである。いわば、収入が少ないが支出も少ない、節約型の生き方をしている樹木である。

亜高木層の利点

亜高木層は、光条件はよくないが、悪い点ばかりではない。日当たりが悪いので適度な湿度が保たれるし、風当たりも弱い。また、体が小さいと、生活を維持するのに必要な水分や栄養が少なくてすむし、樹高が低ければ根から水を吸い上げるのも容易である。

森の中の階層

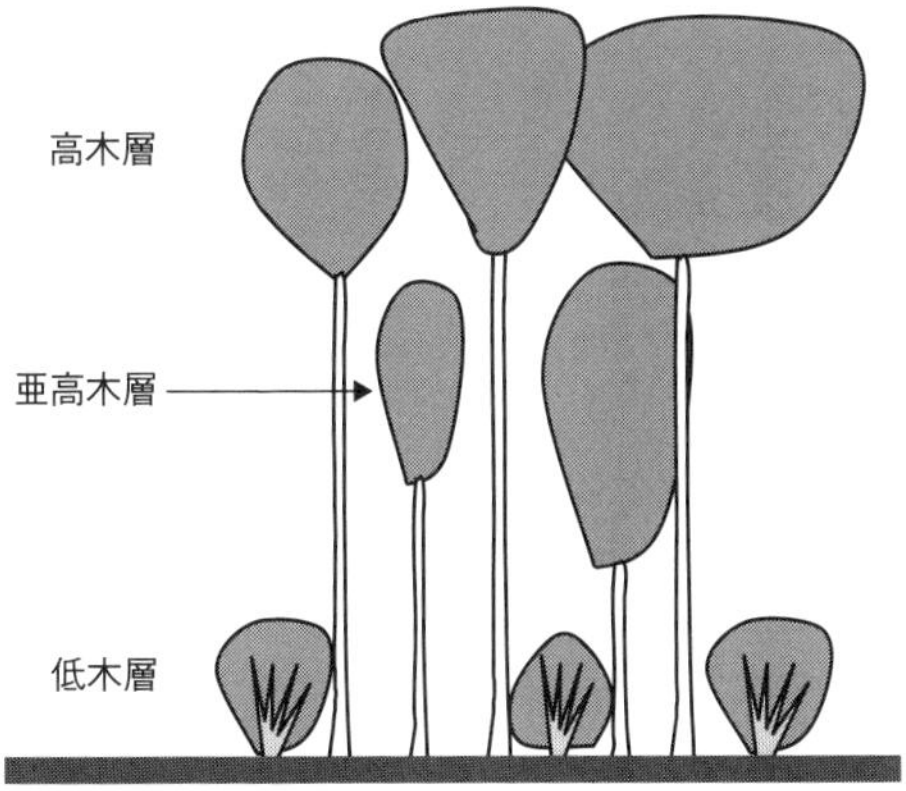

亜高木層には、高木層から漏れてくる「木漏れ日」しか入ってこない。低木層はさらに入ってくる光は少ない。しかし、亜高木層や低木層は風当たりが弱い、水分の確保がしやすいなど有利な面もある。暗い環境に耐える力をもっていれば、樹木にとって競争相手の少ない、暮らしやすい場所かもしれない。

高木として生きるためには、光を得るために他の木と競争して、より高くならなければならない。そこには、競争に負けるリスクが常につきまとうし、大きな体を維持するコストも大きくなる。ヤブツバキは、高さを競う競争に参加するよりもむしろ、亜高木層のメリットを生かす方向へ進化したようだ。

進化のプロセスから見ると、低木とは、高木が進化したものだという。一見、低木が進化して高木になったように思えるのだが、じつは逆なのであって、高木しか存在しなかった時代に、それまで利用されていなかった低木層という空間に、そこで生きられるように体や生活の仕方を変え、進出したものが現在みられる低木なのである。その意味で高木と低木は、空間的に住み分けているとも考えられる。亜高木層は、高木も低木も活用していない空間であり、そこにヤブツバキなどの木が適応し進出していったのかもしれない。

ヤブツバキの花。鳥たちが蜜を吸いにやってくる。
蜜を報酬として鳥に与え、花粉を運んでもらう。
亜高木層や低木層は風当たりが弱く、
花粉を風で飛ばすには不利である。
このため花粉は虫や鳥に運んでもらう樹木が多い。
種子の散布も同様だ。

冬に咲く花

ヤブツバキの花は、冬から春にかけて咲く。赤い大ぶりな花で暗い林内でもよく目立つ。亜高木層は風が弱い。そこでは風に乗せて花粉を遠くまで飛ばすことは期待できそうにない。そこで、ヤブツバキは花粉を主に鳥に運んでもらっている。冬は、寒さのため昆虫の活動が鈍り、訪れてくれる昆虫は少ない。しかし、メジロやヒヨドリなどの鳥は、あまり寒さに関係なく活動している。冬に花を咲かせるメリットは、冬には食料が少ないうえに、競争相手の植物が少ないため、鳥に来てもらいやすいことだ。

鳥の食欲を満足させるように、ヤブツバキの花には多量の蜜が分泌される。蜜を吸った鳥のくちばしや頭部に黄色い花粉がたくさんついて、別のヤブツバキの花に花粉を運ぶわけである。

受粉した花は、やがて秋になると、大きな種子になる。ヤブツバキの種子には多くの油分が含まれており、ツバキ油が採れることで有名だ。実は直径が二〜三センチの球形であり、熟すと割れて黒い種子が出てくる。亜高木や低木で一生を過ごす樹木は、背が低いため風に当たらず、風による種子の散布が期待できない。このため、ほとんどが鳥に種子を散布してもらっている。ヤブツバキの場合、種子はネズミなどの小動物に運ばれて散布される。

低木になったユキツバキ

亜高木という生き方は、なかなかいい生き方である。ヤブツバキの仲間には、この生き方をよりおしすすめて、完全な低木になったものもいる。ユキツバキである。ユキツバキは、ヤブツバキの変種といわれている（一般に、共通な形態を持ち、個体間で正常な有性生殖を行う〔健全な子孫を作る〕ことのできる生物のグループを「種」という。「変種」は、形質に違いがあるものの、交配が可能で、別の種とは言えないグループのことである）。

ユキツバキは東北地方や北陸地方の雪の多い日本海側に分布する。雪国に住む彼らは、ヤブツバキよりも背が低い。亜高木ではなく、高さ一〜二メートルの低木である。

ユキツバキは、なぜ低木になったのだろうか。それは、雪にもぐって、寒さや風や乾燥から体を守るためである。雪でできた洞穴である「かまくら」で遊んだことがある方はご存じだと思うが、かまくら（雪洞）の中は、意外に暖かい。雪の中は〇℃以下にはならないし、土壌中の微生物の呼吸や発酵で発熱しているので、外気にさらされているよりも暖かい。さらに、雪は保湿効果もあり乾燥対策にもなる。雪に埋もれてしまったほうがメリットが大きいので、ユキツバキは小さくなる方向に進化したのである。

ただし、常緑樹が雪国に生きるには問題もある。たとえば雪に埋もれている期間が長いことである。葉はつけているだけで呼吸による維持コストがかかる。常緑でありながら雪に埋もれて光合成ができない期間が長いのは、確かに不利である。しかし、ユキツバキは雪に埋もれている間は、呼吸速度を小さくし、無駄なエネルギーを使わないことで対処しているという。

一方、常緑の低木ならではのメリットもある。雪国の高木はほとんどが落葉樹であるため、積雪期間の前後は高木が落葉して林床にも光がたくさん差し込んでくる。この時期に常緑の低木は十分な光合成ができるのである。

雪に適応した体

ユキツバキは、非常に雪に適応した体をもっている。雪国の低木は雪の圧力で地面に押しつけられる。まず、雪の重みに耐えられるように、幹がしなやかである。そして、その樹形は垂直に立ち上がるのではなく根元から枝分かれした「株立ち」の樹形をとる。それぞれの枝が地を這うように伸びて、ほふく型の樹形をとる場合もある。つまり分散した、よく曲がる細い幹で雪の圧力に耐えているのだ。さらに、驚くことに雪の力を借りて子孫を増やしている。雪の圧力で地面に押しつけられた枝が、地面についた点から根を出して新しい個体が育つのだ。

その新しい個体は、親の体の一部が生長したいわばクローンである。ユキツバキももちろん種子で繁殖するわけであるが、それと並行してこうしたクローンによる繁殖も行っている。生育に悪い条件としか見えない積雪を、とことんまで利用しているわけである。

子孫を絶やさないために

ヤブツバキやユキツバキの戦略は、生育条件のいい場所で激しい競争に参加するよりも、日陰や雪国などの、条件は悪いが競争の少ない場所で、地味に暮らす戦略である。地味に暮らすことは悪いことばかりではない。ツバキ類は小さな木であるが、常緑樹林の亜高木層や低木層では、しばしば優占する種である。樹木が生きている究極の目的は、子孫を絶やさないことであるが、その目的に照らすと、ツバキの戦略は十分に成功しているようだ。

低木になることも、樹形を変えることも、すべての木が簡単にできることではない。ツバキ類がもっている環境に適応して進化する能力がそれを可能にしたのである。

外見の特徴

樹皮は平滑で、明るい灰色なのでよく目立つ。

ヤブツバキの実。秋に割れて、
中から黒い種子を２〜３個出す。
種子はツバキ油の原料となる。

葉は非常に厚く、つややかな光沢がある。
葉の付き方は互生で、
葉の縁に細かい鋸歯がある。

◉木の個性と人の暮らし

伊豆大島はツバキ油の産地として有名である。ヤブツバキは伊豆大島には三〇〇万本あるといわれ、防風や採油に利用されている。ヤブツバキの実の油は、食用、髪油、灯明などに使われてきた。現在でもツバキ油の整髪油は人気が高い。

伊豆大島で最もヤブツバキの実を食べている動物はおそらくタイワンリスだろう。タイワンリスは、台湾から島の公園へ持ちこまれ、これが野生化し大繁殖した。島の名産品であるヤブツバキの実を好み、また樹皮もかじるので、食害が問題となっている。このタイワンリスは、近年伊豆大島から神奈川県などへ持ちこまれ、そこでも野生化し繁殖している。タイワンリスは、ヤブツバキはもちろん、それ以外の樹木の皮をかじって枯らしたり、農作物を食べてしまうため、自治体は対策を迫られている。また、在来種のニホンリスとの競合や交配など、生態系への影響も懸念されている。

▲ツバキの花（つぼみ）を食べるタイワンリス。おいしい部分だけ食べて、残りはポイと捨ててしまった。

◀ツバキの樹皮の食害。樹皮を食べるというよりも、樹皮の下に隠れている虫を探すために樹皮をかじるらしい。

7

アカマツ……森の再生を担う

アカマツは日本人にとっては最も身近な木のひとつであろう。
そして、日本人あるいは日本の歴史と
最も深い関わりのあった樹木といっていいだろう。
劣悪な土壌条件でもよく育ち、
人々にさまざまな恩恵を与えてきてくれた恵みの木である。

アカマツ山は何を語るか

アカマツは常緑高木の針葉樹である。広い温度適応域をもち、東北から九州まで、そして海岸付近からかなり山奥まで広く分布する。特に西日本には山全体がアカマツに覆われているマツ山が多い。なぜ西日本にはアカマツの山が多いのだろうか。

それは、日本の中でも西日本は、特に森林が荒廃したからである。私たちは、伐採された森の跡を見ると、はたしてこの伐採地は森の姿の戻ることができるのだろうかと心配になるが、じつは日本の森では木を伐採しても一〇〇年もすると森の姿に戻る。それは降水量が十分に多く、土壌が残っているからである。しかし、岩盤が風化しやすい場所で、繰り返し樹木が伐採されると、表土が雨で流され、岩盤が露出してしまい「はげ山」になる。

西日本には風化しやすい地質の山が多く、しかも、歴史的に早くから人口が集中し、産業が発達した。早くから文化の中心だった近畿地方では、すでに六世紀の飛鳥時代から、シイ類やカシ類が減少し、アカマツの山に変化しはじめたらしい。里山のシイ類やカシ類を伐採して、建材や燃料などに利用していたのである。

また、中国地方では古墳時代にはすでに製鉄が行われ、燃料としての木が多量に伐採された。その結果、おどろくほど早い時期から、西日本の山は荒廃し始めていたのである。はげ山に生えることのできる樹木は、ごくわずかしかない。その代表がアカマツである。

逆に、アカマツは競争力が弱いため、普通の森林にはほとんど侵入できない。植林されたものを除けば、アカマツの山は、かつてそこが激しく人に利用されたことを物語っているのである。

やせ地に育つ秘訣

では、なぜアカマツは貧しい土壌でも育つのだろうか。その理由のひとつはマツタケである。蒸し焼きでも茶碗蒸しでもよい香りを楽しめるこのぜいたくなキノコは、「菌根菌」といってアカマツの根に寄生している菌の一種である。寄生といっても病原菌ではない。樹木と共生している菌なのである。アカマツの根に寄生するマツタケ菌は、菌糸と呼ばれるものを土中にクモの巣のように張り巡らせ、養分や水をアカマツに提供するのである。

樹木が生きるためには、窒素やリンなどの養分が必要である。多くの樹木は、根によって、土壌の中の養分を水と一緒に吸収するが、アカマツが生えている場所は養分が不足することが多い。そこでアカマツは菌根菌と手を結び、養分を供給してもらい、お礼に菌根菌に対して光合成で作った栄養などを与えている。菌根菌とこのようなギブアンドテイクの契約関係を結んでいるので貧しい土壌の上でもアカマツは生育できるのである。アカマツは土壌が豊かな場所でも育つが、競争相手の樹木が増えるだけでなく、アカマツに害を及ぼす病原菌が増えたり、菌根菌の競争相手の菌が増えてきた場合、むしろ生育が悪くなることもある。

乾燥に強い

アカマツがやせ地に耐えられるもうひとつの理由に、乾燥にも強いことがあげられる。アカマツは、乾燥しやすい尾根にも多く見られる。尾根は、地下水が斜面の下のほうへ抜けてしまうので土壌水分が少なく、風当たりも強いので、樹木にとっては水不足になりやすい場所である。また乾燥しやすい場所は、土壌が酸性化しやすいことも樹木の生育に不利な点である。しかし、アカマツは、尾根だけでなく、土壌の全くない岩山や溶岩の上でもしばしば生育している。

これだけ乾燥に強い理由としては、土中から水分を吸い上げる圧力が強いことがあげられる。吸い上げる力の源は体内の浸透圧であるという。また、根を深く広く張っていることも水分の確保を可能にしている。また吸った水を逃がさない工夫もなされている。たとえば葉の構造である。たとえ気孔（葉についている二酸化炭素や水蒸気の出し入れをする穴）を閉じていても、植物の葉の表面からは水分の一部がどうしても蒸発してしまう。

ところが、針葉樹の葉は針のように丸く尖っているので、厚くて表面積が小さく、かつ表面に厚いワックスが施されている。つまり、葉の内部の水分を逃がしにくい構造になっている。乾燥に強い理由は気孔の構造にもある。針葉は陥没した気孔をもっていて、これも気孔からの水分の蒸発を防いでいるようだ。

溶岩の割れ目から芽生えたアカマツの実生（長野県浅間山）。
岩の割れ目に根を食いこませながら生長する。

溶岩上に育つアカマツ（長野県浅間山）。
乾燥や貧土壌に適応した体の構造をもち、菌との共生をすることによって、厳しい環境で生き抜く力がある。
撹乱が起こった跡の明るい場所に真っ先に定着し、素早く生長する先駆種である。

陽樹の宿命

中部地方の高原の別荘地などでは、空き地になっている場所にたくさんアカマツの稚樹が生えているのを見ることがある。アカマツは代表的な先駆種である。つまり森が切り開かれて更地になった明るい場所に、まっさきに生えてくるタイプの木である。稚樹は日陰を嫌うため、明るい開けた土地でないと若木が育たない。一般の広葉樹林はもちろん、アカマツ林の中でもアカマツの稚樹は育たないのである。しかも、アカマツなどの針葉樹は萌芽力が弱いため台風などで倒れてしまうと萌芽再生して寿命を延ばすことができない。また、毛虫が食べたりして大量の葉を失うと、新しい芽を出さないため枯れてしまう。森の中ではいろいろな面で競争力が弱いようなのである。そのため、アカマツ林が成立して年月が経つと、いつのまにかコナラなどの広葉樹にとって代わられてしまう。

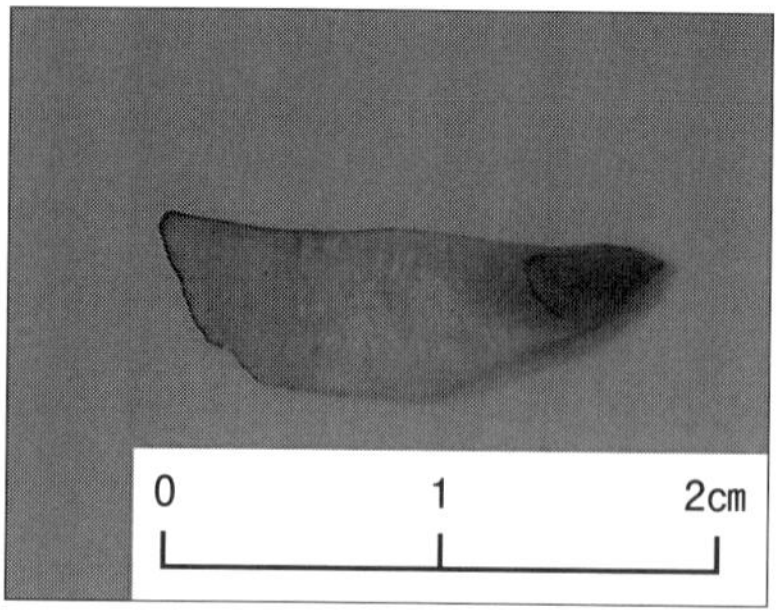

アカマツの種子。翼は薄く、軽い。
くるくると回転しながら、ゆっくり落下する。
風があるとかなり遠くまで飛んで行く。
先駆種によくみられるタイプの種子である。

遠くまで飛ぶ種子

明るい土地でしか育たない先駆種は、種子を広く散布する方が有利である。アカマツの雄花は春に開花し、その花粉が風に運ばれて、別のアカマツの雌花にたどりつき受粉する。雌花はゆっくり時間をかけて翌年の秋に成熟した松ぼっくりになる。アカマツの種子は松ぼっくりの中（隙間）

に収納されている。晴れた日に、松ぼっくりの隙間が開き、種子が放たれ、風に乗って飛んで行く。その種子は、風に乗りやすい素晴らしい構造をもっている。松ぼっくりから飛び出した種子は、薄く軽い翼をもち、くるくる回転しながら落下することにより、空気抵抗を生み、パラシュートのようにゆっくりと落ちる。このため飛距離は大きく、強風時には一キロメートル近く飛ぶこともある。遠くまで飛ぶ種子は、開けた土地に落ちる確率を高める。アカマツは乾燥した尾根や崖にもよく育つが、風当たりの強い尾根や崖は、風で種子を散布するにはむしろ適した場所である。大地に定着し発芽した稚樹は、強い光の下では非常に速く生長する上に、種子の初産齢も低く、一〇年に満たずして種子を生産する。小さくてよく飛ぶ種子を、若いうちからたくさん作ることは、先駆種にとって重要な戦略である。

再生を担ってきた歴史

花粉分析という化石の調査によると、縄文時代には、アカマツは瀬戸内海地方に限定的に分布していたようである。その後、鎌倉時代以降になって全国に拡大し始め、東北地方に達したのは江戸時代の後期らしい。時代が下り、人口が増加するにつれて、森の利用は増加していき、繰り返しの伐採や焼き畑によって、はげ山が増えていった。江戸時代の江戸や京都の里山の風景画をみると、はげ山やマツ山が多いが、それは、人によって山が過剰に利用されていたことを意味している。

また、江戸時代には、マツは建材や燃料としての需要が高く、江戸の周辺では盛んに植林されたという。明治に入ってからは、砂防工事で緑化のためにたくさんのアカマツが、荒廃したはげ山や、伐採によってできたササやススキの山に植えられてきた。ところが、ここ五〇年ほどは、人が里山を利用しなくなり、マツは高齢化し、陽樹であるために後継樹は育たず、さらに病気（松枯れ）も追い打ちをかけて衰退の一途をたどっている。人間は、アカマツに本当に長い間助けられてきたのだが、それはあまり知られていない。

外見の特徴

2本ワンセットの針葉を茂らせる。
クロマツとの違いは、樹皮の色のほか、葉にもある。
クロマツの葉はアカマツよりも長く堅い。
このため、クロマツを雄松と呼び、
アカマツを雌松と呼ぶことがある。
また、クロマツの冬芽は灰色だが、
アカマツの冬芽は赤茶色である。

樹皮は特徴的な赤い色をしている。

8

クロマツ……個体差で生き延びよ

白砂青松といわれるように、クロマツは海辺の景観を引き立てる樹木だが、近年は病気で減りつつある。クロマツを苦しめる病気の直接の原因は害虫なのだが、その遠因には人間の活動がある。つまりクロマツの受難は、人災の側面があるのだ。

松枯れとは何か

アカマツが内陸に多いのに対して、クロマツは、海岸の崖などに多い樹木である。塩分にとても強く、海岸沿いでは、防風林や防砂林として植えられていることが多い。しかし、近年では「マツノザイセンチュウ病」（通称「松枯れ」）で大きな被害を受けている。「松枯れ」は二種類の虫の共同作業で引き起こされる。主犯は「マツノザイセンチュウ」（漢字で書くと「松材線虫」）である。これは長さ約一ミリの細長い線虫である。この線虫は、移動能力はほとんどないため、マツを枯らすには、彼らを運搬する共犯者が必要である。その共犯者はマツの若枝の皮をかじる「マツノマダラカミキリ」というカミキリ虫である。カミキリ虫は空を飛ぶことができる。線虫は、カミキリ虫の体内に入り（寄生

マツノマダラカミキリ

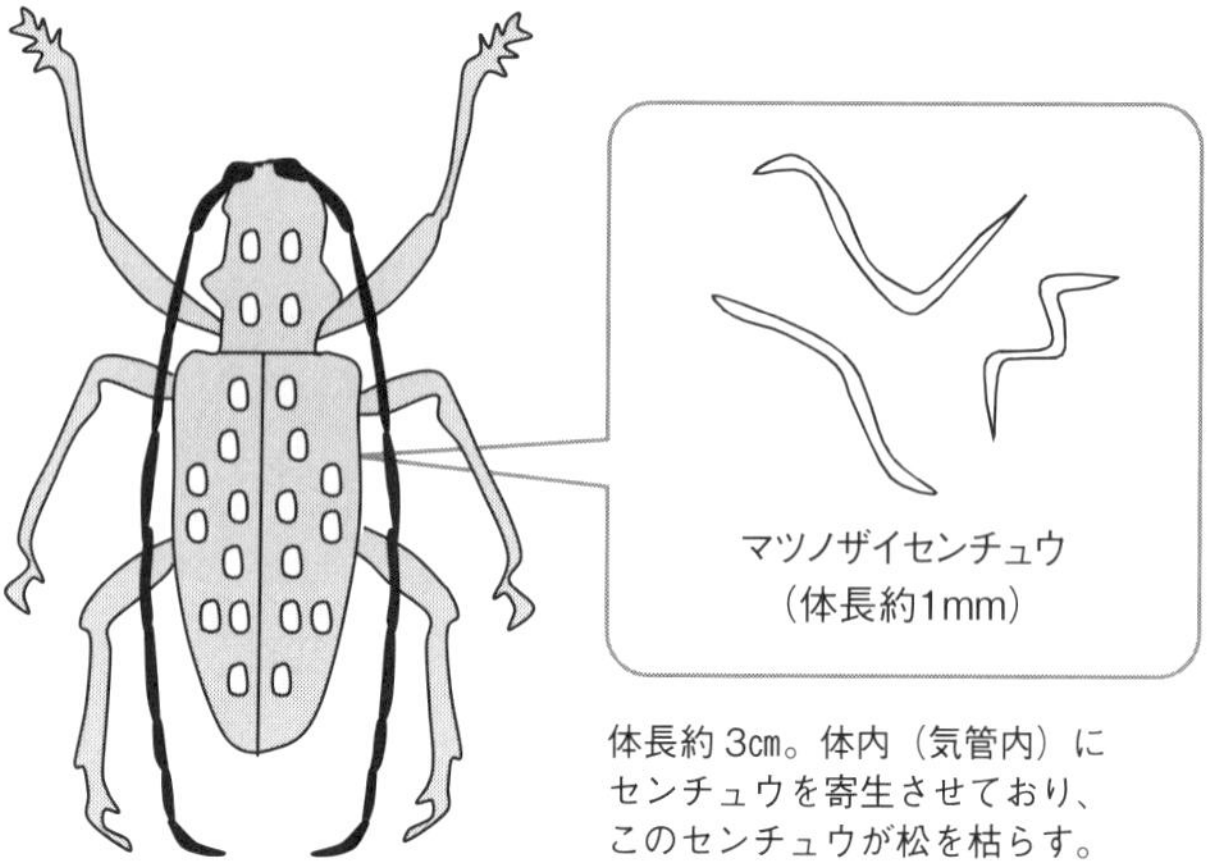

体長約 3㎝。体内（気管内）にセンチュウを寄生させており、このセンチュウが松を枯らす。

して）、これを乗り物として、移動するのである。

カミキリ虫が健全なマツにとりつき、その皮をかじっている間に、線虫はカミキリ虫の体から脱出し、かじられた傷からマツの体内（幹）に侵入していく。体内に侵入されたマツは、虫の侵入を防ぐ樹脂（松脂）を分泌できなくなり、線虫が爆発的に増殖する。やがて増殖した線虫の影響でマツ体内の細胞が破壊されてしまう。破壊された細胞の内容物によって、マツの幹にある仮道管と呼ばれる水を吸い上げるパイプが詰まってしまって、水不足で枯死するに至る。

マツノマダラカミキリは健全なマツには産卵できないが、衰弱あるいは枯死したマツに産卵できるため、枯死したマツが増えるにしたがって増殖していく。マツノザイセンチュウは、移動はできないが、健全なマツに侵入し繁殖することができる。二種類の虫の巧みな連係によって、マツは次々と枯れていくのである。

人災の側面

マツノザイセンチュウは明治時代に北アメリカから日本（長崎や横須賀）に持ちこまれたらしい。この虫に対して、日本のクロマツやアカマツは抵抗力がない。このため、戦後しばらくして爆発的に松枯れの被害が広がった。戦後すぐの被害の誘因はどうやら戦争によるマツ林の荒廃のようだ。このときは懸命な駆除により被害は下火になった。しかしその後、薪炭の利用がなくなり、マツ林が放置されたことによって、枯死したまま放置されたマツが増え、一九七〇年代以降ふたたび激しく松枯れが広がった。その被害は、現在は秋田県まで北上している。秋田県より北は低温によって線虫やカミキリ虫が発育できずストップしているようだが、今後温暖化の影響で北上することが懸念されている。つまり、害虫の国内持ちこみから被害の拡大まで、松枯れは、人災の側面が強い。

クリの場合

このように外来の害虫によって、日本の樹木が壊滅的な打撃を受けた事例は、マツ以外にもある。クリである。春にクリの新芽を観察すると、こぶ状のもの（虫こぶ）が付いていることがある。これは、クリタマバチというハチが、芽に産卵し、冬芽が肥大化するためにできたこぶである。虫こぶができた新芽は、もはや新葉を開くことも花をつけることもできず、実もならない。

クリタマバチは、戦前に中国から日本へもち込まれたクリの苗木についていたもので、その後、全国に広がってしまった。その結果、日本中の自生のクリが大きく減少してしまったのである。外来種であるクリタマバチは、天敵が日本には存在しなかったし、クリも効果的な対処方法をもたなかった。

そして、行政がクリタマバチの天敵であるチュウゴクオナガコバチを中国から輸入して放ち、やっと被害は沈静化した。

ただし、別な見方をすると、虫に対する抵抗力に個体差があるために、なかには害虫に強い個体も存在していて、一部のクリは生き残ったともいえる。

個体差はなぜあるのか

同じクロマツという種であっても、個体によって害虫に強いものもあれば弱いものもある。つまり「個体差」がある。私たち人間でも、ひとりひとり顔も違う。たとえきょうだいであっても、顔や体型、あるいは性格が少しずつ違うし、寒さ暑さに対する強さも違うことが多い。これはなぜだろうか。同じ「種」に属する個体同士であっても、それぞれ遺伝子構造の違いがある。それが、個体差となって表れるのだ。

生物に個体差が出現する理由は、基本的には「有性生殖」によって子供ができるからである。「有性生殖」とは、別々の二つの個体（つまり父と母）から遺伝子を半分ずつ受け継ぐ繁殖の仕方である。そして、受け継ぐ遺伝子にはたくさんの種類があって、それらは適当に組み替えられ、その組み合わせは、きょうだいであっても変わる。二人の人間から、半分ずつ遺伝子を受け継ぐので、子供は父親とも母親とも違った遺伝子構造を持つことになる。

樹木も同様である。別々の個体どうしで、花粉のやり取りをするため、遺伝子の構造は多様になる。ただし、樹木の中には「有性生殖」とともにその対極にある「無性生殖」も行うことも少なくない。

無性生殖は、たとえばタケのように、体の一部が分離して、それが別の個体（子孫）になる繁殖方法である。この場合、親と子はほぼ同じ遺伝子構造をもつことになり、クローンと呼ばれる。萌芽枝のほか、ユリやヤマイモなどがつける「むかご」なども無性生殖によってできたクローンである。

なぜ、有性生殖を採用するのか

多くの生物は有性生殖を採用している。その理由としては、有害な遺伝子の蓄積を避けるため、遺伝子を修復するなどの理由が考えられている。無性生殖の場合、遺伝子をまったく同じようにコピーするのだが、紫外線などの影響でコピーミスが起こったり、生きる上で有害な遺伝子もそのまま受け継がれてしまう。一方、有性生殖であれば、片方の親の遺伝子が間違ってコピーされても、もう片方の親の遺伝子を使って正常な遺伝子を作ることができる。

有性生殖を生物が採用している理由は、もうひとつあるといわれる。それは、子孫の遺伝子構造を速く変えることによって、病原体に対抗するためである。ウイルスや病原菌や寄生虫は、進化する速度が速い。より強い感染力をもつようにどんどん進化するのである。宿主の生物は、病原体よりも世代時間（つまり寿命）が長い。その結果、どうしても宿主の生物は病原体に比べて、進化速度が遅くなってしまう。そこで生物が病原体に対抗するためには、進化とは別な方法で、常に遺伝子構造を変えていかなければならないのである。

実際に、生物の種類が多く、競争相手、捕食者、寄生者、病原菌など他の生物との相互作用が厳しい場所では、常に遺伝子構造を変えなければならないので、有性生殖をする樹木が多く、逆に、乾燥地、寒冷地、やせ地、頻繁に攪乱が起こるような場所など、無機的な環境が厳しい場所では、無性生殖が多くなるという説もある。

クローンの問題点

個体差があれば、ウイルスや病原菌による病気がはやっても、個体のうちのいずれかは生き残るものがある。実際に、クロマツの中でも、マツノザイセンチュウに強い個体も見つかっているという。松枯れを防ぐための対策として、このような一部の抵抗性の強い個体を探し出し、クローンで増やして苗木を供給し始めているという。

しかし、マツノザイセンチュウに強い木のクローンばかりを植えると心配なこともある。別な病気には弱いかもしれないからだ。日本では、外来の害虫や病原菌を水際で阻止するべく、厳重な防疫の対策が講じられているが、グローバル化した現代では、いつどのように害虫や病原菌が日本に侵入するかわからない。単一のクローン樹種を広い範囲に植えることは、外来の害虫や病原菌によって、一斉に枯れ、大規模な被害を受けるリスクも背負うことになるかもしれない。

外見の特徴

樹皮には亀甲状に割れ目が入る。クロマツの幹は黒いが、
アカマツとの雑種もあり、この雑種の幹はやや赤みを帯びている。

球果はアカマツと同様に
開花の翌年の秋に熟す。

葉はアカマツよりも長く堅い。
冬芽は灰色。

9 モミ……古くて悪いか

モミは常緑の針葉樹である。針葉樹は一億年以上前に繁栄した、広葉樹よりも古いタイプの樹木のグループといわれる。しかし古いタイプだからといって必ずしも弱いとは限らない。だてに長い間生きてきたわけではない。さまざまな能力を使ってしたたかに生き延びてきたのである。

尾根に追いやられる

モミはマツと同じ針葉樹であり、暖温帯や、暖温帯と冷温帯の境界（中間温帯ともいう）に多い種である。モミは寒い土地に育つイメージがあるが、本来温帯性の針葉樹である。もっと寒い場所にはウラジロモミ、さらに寒い場所にはシラビソと、同じモミ属の近縁種が標高によって住み分けをしている。

一般に針葉樹は、土壌の薄い、乾燥した尾根によく見られるが、モミもやはり尾根に多い。これは好きこのんで尾根に生えているわけではないらしい。モミは本来、適度に湿った肥沃な土壌のある、緩やかな傾斜地でよく生長するという。にもかかわらず、尾根に多い理由は、針葉樹は広葉樹よりも、

尾根に立つモミ。モミは乾燥に強いので尾根によく見られる。
広葉樹との競争に敗れ、乾燥しがちな尾根に追いやられている面もあるようだ。

競争力が弱いためだといわれる。つまり生育環境の悪い場所に、追いやられた結果であるらしい。

どこが広葉樹に劣るのか

どのような点が広葉樹に劣るのだろうか。ひとつには、花粉の運び方に問題があるようだ。広葉樹の多くは効率的に受粉できるように、虫や鳥に花粉を運んでもらうように進化している。ところが針葉樹は、風に乗せて花粉を飛ばす方法（風媒）のままである。風媒は「風まかせ」で花粉をばらまく、効率の悪い方法だ。大きな群落を作っていれば受粉の効率はまだしもいいだろうが、森に点在したり、小さな群落になってしまうと、受粉の効率は極端に悪くなってしまう。

また、稚樹の生長が広葉樹に劣ることも

一因である。その原因は、針葉樹は一枚一枚の葉の生産力が弱い上に、稚樹の時代には少量の葉しかつけないからだ。幹や枝を曲げたり、分岐させることが苦手であることも、光をめぐる競争では不利に働く。また、広葉樹は萌芽力が強いが、針葉樹は弱い。このため、台風などで倒れると、占有していた場を、他の種に明け渡す確率が高くなってしまう。

受難の歴史と強さ

モミは人間にも追いやられてきた。モミは五〇年ほど前までは、今よりももっと広く分布していて、海岸に近い台地や丘陵にもかなり生育していた。その後減少してしまったのは、大気汚染や害虫のためである。針葉樹は一般に大気汚染に弱く、弱ってくると害虫の被害も受けやすい。また、人為的な伐採も少なからずモミを減少させてきた。こうしてみると、モミの歴史は受難の歴史のように見える。

乾燥に強い秘訣

しかし、モミが競争の激しい温帯で、絶滅せずに生き残っていることを考えると、したたかな強さをもっているはずである。たとえば乾燥にたいする強さである。モミなどの針葉樹は乾燥に強いが、その秘訣のひとつは、葉（針葉）は表面積が小さく、表面に厚いワックスが施されていて、葉の内部の水分を逃がしにくいことである。また、樹木が高温にさらされたり水不足になると、幹の中にある水を吸い上げるパイプの外側にあった空気がパイプ内に吸い込まれ、水を吸い上げられなくなってしまうのだが、針葉樹のパイプは気泡を捕まえることのできる構造になっている。このほか、根に菌根菌を寄生させ、張り巡らされた菌糸から水や養分をもらっていることも強さの秘訣だろう。これらの能力は広葉樹よりも針葉樹のほうが強い。古いタイプだからといって弱いとは限らないのである。

マツとの違いは耐陰性

では、同じ針葉樹の中でも、モミと、マツ類（アカマツやクロマツ）との違いはなんだろうか。それは、陰樹か陽樹かという点である。マツ類は陽樹だが、モミは陰樹である。モミ林の林床を見ると、稚樹がたくさん見られることが多い。モミは、耐陰性が強く、暗い林内でも実生が発生する。稚樹は、暗い林内で上の木が倒れるまで、枯れることなく何年も生き延びる。稚樹は自分の葉がお互いに重ならないように、しかもなるべく光の当たる面積を広くしようと、水平に枝を張り出し、傘あるいはキノコのような樹形になる。稚樹の一部は、暗い林床で数十年も生き延びるという。高木が倒れた時に、その下の稚樹は急速に生長し、その場を占有する。

種子の違いも明瞭だ。マツ類の種子が軽いのに対して、モミの種子は重い。モミもマツ類と同様に、松ぼっくりをつける木である。モミの松ぼっくりの中には、羽のついた種子がたくさん詰まっていて、松ぼっくりがバラバラに壊れて、中の種子が飛び出し、風に乗せて散布するのだが、モミの種子は重いためにそれほど遠くまでは飛ばない。マツ類に比べるとずっと散布距離は短い。せいぜい一〇〇メートル程度しか飛ばないという。

同じ針葉樹であっても、マツ類は種子を広く散布し、明るい場所に定着させる先駆種として生きているのに対し、モミは暗い林内で次世代を育てる極相種としていきている。

巨木になる

マツ類とのもう一つの相違点は、種子をはじめてつける年齢（種子初産齢）である。モミの初産齢は高く、五〇年生くらいにならないと種子をつけない。マツが一〇年生以下の若い木でも種子をつけるのと対照的だ。また、モミには巨木が多い。林内で待機していたモミの実生や稚樹は、上木がなくなり光が差し込むようになると、かなりの速さで生長する。しかも、八〇年生くらいまで継続的に生長するため、大きく太くなる。一〇〇年で直径五〇センチ以上、高さ三〇メートル以上に育つものも少なくない。ただし一般に樹木は生長が速いと寿命が短くなる傾向があり、モミも寿命が一〇〇年から一五〇年程度と樹木としては短い部類に入る。モミの種子初産齢が高いのは、種子に栄養を回すよりも、早く体を大きくすることを優先しているからだろう。

モミの巨樹。モミの生長は速く、巨木になる。
種子の初産齢は50年程度と高い。
繁殖を後回しにしても、
まず体を大きくすることを優先しているようだ。
樹高が大きくなれば、
種子や花粉の散布にも有利だろう。

高くなることの有利

モミは遠くから眺めても、よく目立つ。尾根筋に多いこともあるが、大きくなるからである。一般に、針葉樹は、広葉樹のように光を求めて器用に幹や枝を曲げながら育つ能力が弱い。その代わりに、広葉樹よりも高く生長する能力は高い。モミは広葉樹と混じって生えていることが多いが、モミが他の広葉樹よりも背が高いために、モミの樹冠が突出していることが、しばしば見られる。広葉樹よりも一段高い位置に、樹冠（の上部）を茂らせることができれば、他の木に邪魔されずに陽光を十分に浴びることができる。階層を違えることによって広葉樹と共存しているのである。

したたかな古強者

針葉樹は、広葉樹よりも古くて、あまり進化していないタイプであるといわれる。確かに針葉樹は、送粉に虫や鳥を利用できないし、幹や枝を器用に曲げることもできない。低木や亜高木のように小型化することもできない。これらの点では、進化しそこねたのかもしれない。しかし、別の方面で画期的に進化した部分もあった。針葉樹が、第三紀といわれる厳しい気候変動が起こった時代に、悪い環境条件（寒さ、乾燥、特殊な地質、積雪など）に対する耐性を獲得したことである。

つまり、「耐える」方向に進化したのである。もちろん競争に負けて絶滅してしまった針葉樹も多いが、一方でさまざまな気候や地形・地質に適応できる種に分化しながら現在まで生き延びてきた。モミを見ていると、古いタイプといわれながらも、器用な広葉樹と対等に渡り合って、しぶとく生きている姿が浮かび上がってくる。

外見の特徴

樹皮は暗い灰色で、成木は縦に割れ目が入る。

樹形は円錐形
（クリスマスツリーの形）である。
樹高は大きく、広葉樹よりも
一段高い位置まで樹冠が達する。

葉の形は扁平な針形で、若い枝の葉や
日陰の葉は、先端が2つに分かれてとがる。
やや似ているツガは、葉は先が丸く、
真ん中が少し窪む。

第2章 暖温帯(落葉樹)

10

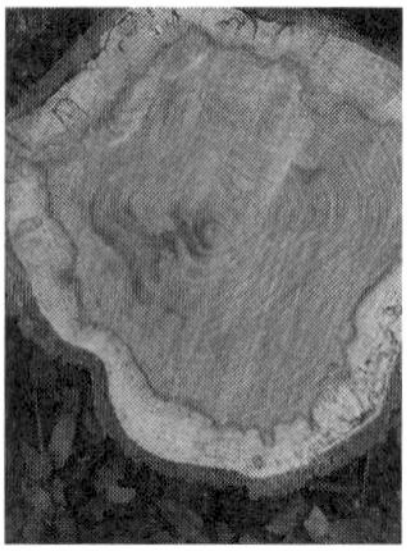

コナラ……倒れゆく帝国

コナラは私たちの最も身近な樹木の一つであろう。
本来は暖温帯には、日陰に強いシイ類やカシ類が多いはずである。
しかし実際は、日陰に弱いコナラやクヌギが圧倒的に多い。
コナラは陽樹なのに、
なぜこれほどまでに広がったのだろうか。

氷河期でも多くの群落をつくる

コナラが暖温帯に大きく広がったひとつの理由は、コナラが氷河期の寒さと乾燥に耐えられたからである。

暖温帯は今でこそ暖かいが、過去には寒かった時代がある。約一八〇万年前から現在に至る第四紀といわれる地質時代は、氷河期が繰り返し訪れた時代であった。現在の暖温帯域は、約二万年前の氷河期（最終氷期）のピークには、今の冷温帯にあたり、温帯性の針葉樹や落葉樹が広く覆っていたようだ。コナラも、寒さと乾燥によく耐えて、針葉樹とともにかなり多くの群落を作っていたようだ。それらの群落は、その後の温暖期に分布を拡大するための母樹の集団となった。

山火事を利用する

氷河期が終わって、気候が温暖になるとコナラは分布を広げるようになる。ただし、コナラは陽樹であり、暗い森の中では育たないという特徴をもっている。ではどのようにコナラは広がったのだろうか。コナラが分布を広げることを助けたのは山火事である。コナラは、開けた明るい場所、つまり攪乱地に定着するタイプの樹木である。コナラが定着しやすかった攪乱地は、山火事の跡地であった。山火事の原因には、人の不注意によるものと雷など自然現象によるものがある。また、縄文時代から始まった焼き畑農業も人為的な山火事であった。コナラは太平洋側に多いが、その理由のひとつには、特に冬に乾燥する太平洋側では山火事が起きやすいことがあげられる。

山火事になると、植生がいったんなくなってしまう。こうなると、陰樹の常緑樹よりも、明るい場所で速く生長する陽樹の落葉樹の方が有利となる。度重なる山火事によって、いつまでたっても陰樹の常緑樹に遷移が進行せず、途中相（遷移の途中の状態）の落葉樹林が維持されてきた場所もかなりあるようだ。山火事は、常緑樹の分布拡大を妨げ、コナラなど落葉樹の拡大を助けてきたといえよう。

コナラやクヌギの樹皮は分厚く、裂け目が入っている。この樹皮はコルク質が多く含まれている。ワインの栓のあのコルクである。もともと乾燥よけにコルク層を厚くしているようだが、コルク質は火事の際に樹幹の内側まで火が達するのを妨げる機能があるという。

種子に栄養をつぎこむ

山火事の跡地など、攪乱地に侵入するには、そこに種子が運ばれなければならない。コナラの種子はドングリで、鳥やネズミなどの動物が運搬する。ほとんどが動物に食べられたり、虫に食べられたりするが、巣穴などに埋められ一部食べ忘れられることによって、一定の割合の種子が発芽できる。鳥やネズミが種子を運ぶ距離は、数十メートル（長くて数百メートル）程度であるようで、風に乗って飛ぶタイプの小さな種子に比べると、種子が移動できる距離は小さいというハンデがある。

コナラの場合は、種子初産齢（はじめて種子をつける年齢）が低いことが、そのハンデを補っている。コナラは種子初産齢が低く、一〇年生くらいから種子をつける。また、二～三年周期と短い周期で豊作になり、安定して種子を生産する。しかも、陽樹にしては長寿で二〇〇年程度は生きる。一生のうちにできるだけ長い期間種子を散布することによって、攪乱地に子孫が増える確率を高めているのだろう。

ドングリの乾燥対策

コナラの好きな日当たりのいい場所は、ドングリにとって困ったことがある。乾燥しやすいことだ。ドングリというタイプの種子は、栄養満点で発芽や生長する能力が強い反面、乾燥に弱いという欠点がある。特に地表にさらされたものは乾燥死しやすい。このため地表に落ちたドングリは親木から落下すると、すぐに発根（根を出すこと）する。これは、根から土中の水分を吸い上げて、乾燥死を避けたいためだ。しかし、なんといっても、動物に土中に埋めてもらえばその心配はない。埋めてもらった上に、目隠しのために落ち葉をかけてもらえば、最高の乾燥よけになる。

人の手を借りて広がった種

コナラが、ここまで広がったのは自然の力だけではない。人の手を借りて拡大した側面が大きい。コナラやクヌギの幹は燃やすと火もちがよくて、薪や炭に適している。しかもこれらの木は、伐採されても切り株から萌芽枝が生えてきて、短期間（一五年程度）で薪や炭に適した幹の太さになるまで再生する能力を持っている。しかも萌芽枝の生長は、種子から芽生えた実生のそれよりはるかに速い。さらに、落ち葉を大量に落とし、肥料《たいひ》の原料としても有用だったし、幹はシイタケのホダ木として適

切り株から生えた萌芽枝が生長した姿。
伐採後約 10 年目のもの。切り株がまだ残っている。

伐採後約 20 年目の雑木林。かつての雑木林は、
このくらいの太さになる前に伐採されていた。
活用されていたころの雑木林には細い木が多かった。

していた。

このように非常に有用な木だったので、コナラやクヌギの森（雑木林）を、伐採と再生を繰り返しながら、長年にわたり人が維持してきたのである。特に江戸時代以降は木炭が商品として大量に流通するようになったようだが、縄文時代の遺跡からコナラやクヌギの木製品が多く出土することから、すでに縄文時代には人々により管理された雑木林が成立していた可能性があるという。

倒れゆく帝国

コナラは、山火事に助けられ、人に助けられ守られてきた。本来は常緑樹の森になるべき場所で、長年にわたってコナラは里山を支配し続けてきた。しかし、ここ五〇年ほどは、もはや雑木林は管理されることもなくなってしまった。長年切られることもなく幹が太くなったコナラも目立つ。コナラやクヌギは五〇年ほどで萌芽能力を失うが、そろそろ日本の雑木林の木は萌芽能力を失いつつあるようだ。コナラの寿命はかなり長いので、今あるコナラがすぐに倒れることはないだろうが、コナラの若い世代が増える可能性は少ない。その一方で、コナラ以外の植生が代わりに増えていく。たとえばササだ。草刈りをしないために、林床にササが繁茂してきた雑木林は多い。林床にササが繁茂すると、他の植生は定着しにくくなる。また、シラカシなどの常緑樹が侵入している場所も増えている。今後温暖化が進むことになれば、暖かい気候に適した常緑樹の拡大は顕著になるだろう。今、コナラの繁栄は終わろうとしているようだ。

今日の里山の多くは、うっそうと木が生い茂る森になっている。しかし、かつての里山は、うっそうと茂った森林では決してなく、伐採跡地や、草山（萱場、まぐさ場）がいたるところにあった。里山がこれほど豊かな自然の状態になったのは、有史以来ほとんどはじめての出来事だろう。人が自然と関わらなくなるという、いまだかつて体験したことがない時代に、里山は今後どう変化していくのだろうか。

外見の特徴

樹皮は縦に深い裂け目が入る。

発芽したドングリ。
持ち上げているのは栄養がたっぷりつまった子葉。

葉の付き方は互生。
葉は先の方が幅広い形で、
縁には大ぶりな鋸歯がある。
葉柄は1cmくらいの長さである。
ミズナラに似るが、
ミズナラのほうが、
葉も鋸歯も大きい。
また、ミズナラは葉柄がほとんどない。

11

ヤマザクラ……もてなしの達人

ヤマザクラは、春の山を歩く喜びを与えてくれる落葉樹である。
オレンジ色の葉がまだ開き切らないうちに、
早々と花を咲かせてくれる。その薄紅色の花は、
彩の少ない早春の山の中で、ひときわ目立つ華やぎである。
ヤマザクラは、何のために美しい花を咲かせるのだろうか。

花は広告塔

ヤマザクラに限らず多くの植物が花を咲かせるのは、花粉を運んでくれる虫や鳥を呼び寄せるためである。花からはたっぷりと蜜を出し、虫や鳥へのごちそうを用意している。華やかな花びらで飾って、その蜜のありかを、虫や鳥に教えているわけである。早春の森に咲いている花は少ない。ヤマザクラの蜜を目当てに、ハナバチなどの昆虫や、ヒヨドリ、メジロなどの鳥がたくさん集まってくる。蜜を吸うことによって体に花粉をつけた虫や鳥は、やがて飛び立ち、別のヤマザクラの木に降り立ち、そこに咲いている花に花粉を運んでくれるわけである。

個性をつくるのは何か

ヤマザクラの花は個体によって微妙に色が異なる。赤みが強かったり弱かったり個性があるのだ。これは木によって遺伝子の違いが大きいことを意味している。木によって遺伝子の違いが大きい理由は、サクラの仲間は「自家不和合性」が強いためだ。自家不和合性とは、同じ木の花同士では、おしべの花粉が、めしべに付いても実がならないことである。つまり自分の花粉では交配しないということだ。このため、ヤマザクラは、別の個体同士で、花粉をやりとりして交配しない限り、種子を作れないのである。だからこそ、一生懸命に花を飾り、虫や鳥を呼び寄せ、蜜を提供して花粉を運んでもらっているのである。

開花したヤマザクラ。
花は花粉をやりとりする重要な繁殖器官だ。
虫や鳥に協力をあおぎ、花粉を他の木に運んでもらう。
手間のかかる繁殖方法だが、それが個性を作り出す。

個性のないサクラ

同じサクラの仲間でも、ヤマザクラと対照的に、どの花も同じ色なのがソメイヨシノである。同じ地域ならば花が咲く時期もほとんど同じである。これほど個体同士で個性が少ないのは、ソメイヨシノが「クローン」だからである。動物と違って、樹木は「挿し木」や「接ぎ木」つまり枝を切り取ってその枝が再生して大きくなり、別の個体になる能力がある。このような種子によらないで増えた個体をクローンという。クローンの個体同士は、遺伝子の構造がほとんど同じなので、外見も性質も非常に似ている。

日本中の公園や並木でみられるサクラは、多くがソメイヨシノである。これらの日本中のどのソメイヨシノも、もとは一本のソメイヨシノから、接ぎ木で増やしたクローンである。ソメイヨシノは、葉が出る前に花だけが咲き誇るので、その美しさがとても好まれてきた。また、どの木も一斉に咲くので絢爛たる花見を楽しめることから、全国の公園や並木に植えられ続け、これほどまでに広がったのである。

ソメイヨシノは、種子ができにくい。なぜなら、ソメイヨシノはクローンだからである。別の個体であってもクローン同士は、遺伝的にはほとんど同一の個体である。ソメイヨシノも自家不和合性が強い。このため、別の個体同士が花粉のやりとりをしても、自分の花粉と認識してしまうので、受粉できないのだ。

用心棒を雇う

花の時期が終わると、ヤマザクラも葉を青々と開き、樹冠に茂らせる。ヤマザクラの葉の付け根を良く見てみると、小さな「イボ」が二つ付いていることに気づくだろう（写真）。これはなんだろうか。この「イボ」は、蜜腺といわれる器官で、いぼに空いている小さな穴から蜜が分泌されているのだ。先に述べたように、ヤマザクラは、花粉を運んでもらうために、花から蜜を出している。この蜜は、花粉を運んでもらう虫や鳥への報酬である。一方でヤマザクラは、花以外の場所、つまり葉からも蜜を出している。では、葉の付け根から出ている蜜は誰に与えるためのものだろうか。じつは、この蜜はアリを呼ぶためのものなのだ。アリを呼んでどうするかというと、アブラムシを追い払ってもらうのである。

アブラムシはヤマザクラにとって、葉などの液を吸う害虫だ。アブラムシは繁殖力が強く、ヤマザクラにとっては厄介な存在だ。一方、ア

葉柄についた蜜腺。ここから蜜が出てアリを呼ぶ。
アリはヤマザクラにとって害虫であるアブラムシを
追い払ってくれる用心棒だ。
これは樹木が虫とともに進化した例である。
特に広葉樹は、虫や鳥などの生物と
協力関係を結ぶことによって、じつに多様に進化してきた。

リは、獰猛で雑食性の昆虫であり、アブラムシを食べたり、追い払ってくれる。ヤマザクラにとっては、害虫を駆除してくれるありがたい存在である。つまりヤマザクラは、敵（アブラムシ）の天敵（アリ）を、「用心棒」として雇って、わが身を守っているのである。その報酬、つまり用心棒代が、蜜腺から分泌される蜜というわけなのだ。

果実でもてなす

ヤマザクラの実は、五月ごろに黒く熟す。野生のサクランボは、ほのかな甘みをもっている。サクランボはなぜ甘いのだろうか。

サクランボが甘い理由は、鳥に食べてもらうためである。サクランボは甘くて食べられる果肉の部分と、堅くて食べられない種子の部分からなっている。甘く、栄養豊富な果肉につられて、ムクドリなどの鳥がサクランボをまるごと飲み込む。ヤマザクラにとって大切な種子のほうは、鳥に食べられても消化されない構造になっていて、糞といっしょに排泄される。飲み込まれた種子が、鳥の消化器官を通って排泄されるまでの間に、鳥が飛んで移動すれば、その距離だけ種子は遠くへ運ばれることになる。すべては、種子を遠くまで運んでもらいたいヤマザクラの作戦の一環なのである。

ヤマザクラは、この作戦を成功さるために、鳥へのもてなしの努力を忘れない。実を食べやすい大きさにして、甘くておいしい果肉をつけているだけでなく、色も工夫している。鳥が気付きやすいように果肉の色彩は、赤や黒といった色を組み合わせて、目立つようにしている。また、種子が成熟する前に食べられては困るので、熟した実は甘く、未熟な実はまずくしているのだが、食べなくても鳥

ヤマザクラの実。6月ごろ赤くなり、やがて黒く熟す。鳥が見つけやすいように、色もよく考えられている。すべては種子を散布してもらうためだ。

が成熟している実を見分けやすいように、未熟な実は緑色、やや熟した実は赤色、完熟した実は黒色、と色分けをする気配りも忘れない。そして、実は完熟すると、ぶら下がっている果柄から外れやすくなり、鳥は簡単に実の部分だけをついばむことができるようになる。つまり、鳥が実を食べやすくするために、さまざまなサービスを怠らないのである。

私たち人間が食べているサクランボは、さまざまな品種改良の試行錯誤の末に、消費者の口に合うようになったものだ。それと同じようにヤマザクラも、鳥との長い付き合いの歴史の中で、いろいろな味や色のフルーツを試行錯誤しながら作り、消費者である鳥たちの口に合うように改良し続けたのである。ヤマザクラが、今日まで森の一員として生き残ってこれたのは、美と味覚で鳥たちをもてなしてきた努力の結果である。

外見の特徴

樹皮は黒紫色、光沢があり、
横に細かい皮目（ひもく）が走る。
樹形はよく株立ちしている。

葉の付き方は互生で、
葉の縁には鋸歯がある。
葉柄の上部に２個の
蜜腺（いぼ状の突起）がある。
葉の裏は粉を引いたように白っぽい。

ソメイヨシノは花だけが先に咲くが、
ヤマザクラは赤い葉を開きながら花が咲く。
ソメイヨシノの花のがくには毛が多いが、
ヤマザクラの花のがくには毛が少ない。

◉木の個性と人の暮らし

　桜の花は人生の節目の時期に当たる春に咲く。卒業や入学、入社などの思い出が、満開の桜と重なる人もいるだろう。そして昔も今も花見がひとびとの楽しみであることに変わりはない。

　江戸時代には川の堤などにサクラが多く植えられ花見の名所ができたが、ソメイヨシノは幕末に作られたので、それ以前は花見といえばもちろんヤマザクラだった。有名な桜の名所である吉野山（奈良県）の桜も、ヤマザクラである。

　現在、花見の名所の多くで植えられているのはソメイヨシノであり、どの個体も同じ遺伝子構造をもつクローンである。クローンであるため、個体同士の寿命もあまり変わらないという。


　ソメイヨシノの寿命は七〇年程度とあまり長くない。このため、老木が多い公園では、近いうちにソメイヨシノが一斉に枯れてしまうことも懸念されている。花見の名所の中には、これに備えて若い世代のサクラを育てている場所もあるという。

　一方で、ソメイヨシノがヤマザクラやエドヒガンなど別な種と交雑しつつあることがわかってきた。別の種のサクラがソメイヨシノの花粉で結実したり、別の種の花粉でソメイヨシノが結実してしまうこともあるという。

　その種子が健全に育つかどうかはまだわかっていないようだが、人間が非常にたくさんのソメイヨシノを植えたことにより、野生のサクラの遺伝子構造に影響を与えてしまったようだ。

12

ミズキ……スタートダッシュで逃げきれ

ミズキは、明るいところで速く生長するタイプの木、つまり陽樹である。彼らは常に生き急いでいるようにも見えるが、人知れずゆっくりと静かに生きている時期もある。自分の置かれた時代に合わせて、巧みに戦略を変えていく。

速い生長

ミズキは、コナラなどの雑木林によく見られる落葉樹である。海辺の常緑樹林にも混じっていることもある。ミズキは陽樹で、土壌水分が豊富な、日当たりの良い場所に育つ。稚樹の生長がとても速く、三〇年生くらいまではぐんぐん生長する。ただし、その後はほとんど生長しない。そして寿命はあまり長くない。早い稚樹の生長と短い寿命は陽樹にしばしば見られる特徴の一つである。

うちわのような枝

早く大きくなるためには、たくさん光合成をして幹を作らなくてはならない。そのためには、うまく光をとらえる工夫が必要だ。ミズキは、その枝の張り出し方がじつに特徴的な木である。枝は階段状に出る。まるで、うちわを水平に差し出したようでもある。水平に枝を広げるのは、すべての葉に効率よく光が当たるための工夫である。無秩序に葉を茂らせると、お互いに重なり合って、日陰になってしまう葉が出てくる。日陰でも光合成を行うことができる葉（陰葉という）も存在するが、一般に陽樹の葉は、強い光を利用するのは得意だが、弱い光では光合成を効率よくできないのである。

ミズキの樹形と花。
うちわを差し出したような水平な枝は、
光が無駄なく葉に当たる工夫だ。白い花もよく目立つ。

追加の枝を出す

枝を伸ばす回数も工夫されている。ミズキは春先にいったん葉を開くが、その葉が光合成をして稼いだ栄養を使って、その後も数カ月にわたって、さらに枝を伸ばし何回も葉を開くことができるのである。これは、春先に枝葉を伸ばした段階で、まだ空間が空いている場合、追加の枝を伸ばして、無駄なく空間を占領するための戦略である。樹木によっては春先に一回しか開葉できない木もあるが、それではもし空いている空間があっても、枝を伸ばせないために、ほかの樹木にその空間を取られてしまう可能性が高くなってしまう。ミズキは、何回も枝葉を伸ばし、無駄なく空間を占領する。いささか落ち着きのない方法だが、強い光を必要とする陽樹である以上、少しでも早く空間を占領し、より多くの光を獲得したいのである。落葉樹の葉は製造コストがあまりかからないので、こんな戦略も可能なのだ。

ミズキの枝と葉の展開。一度葉を開いて様子を見て、
まだ空間が空いていると、
さらに枝を伸ばして新たな葉を広げる。
のんびりしていると他の木が枝を伸ばして
空間を塞いでしまうかもしれないので、急がねばならない。

お客を呼び込む営業努力

ミズキは、地上部の幹や枝葉の生長は非常に早いが、根は浅くあまり発達していない。地上部に比べて、地下の部分にはあまりコストをかけていないようである。ヤマザクラは萌芽力がつよく萌芽再生で寿命を延ばすが、ミズキは萌芽力が弱い。子孫を確実に残すためには、受粉を成功させて種子を作り、その種子を広く散布する必要がある。

ミズキの花は五月ごろに咲く。ミズキの枝葉は水平に張り出すので、まるでテーブルのようである。その平らな緑のテーブルの上で、白い小さな花が集まって咲く。ミズキはちょっと変わった枝の伸ばし方をする木で、毎年生長して伸びていく枝の継ぎ目には、小枝が上向きにちょこんと飛び出している。その小枝の先に花が集まって咲くのである。上向きに花をつけるので、きっと虫たちにとっても見つけやすいにちがいない。受粉した花は、八月ごろになると、黒く熟した実を結ぶ。今度は、まるでテーブルの上にフルーツをならべたレストランのようである。そのレストランのお客様は鳥である。ヤマザクラと同様に、ミズキも種子の散布を鳥に頼っている。花と同様に黒い実も上向きにつく。上向きに伸びた茎の先に実がなっているのは、鳥に見つけやすく、そして食べやすくしてあげるための営業

ミズキの実。上を向いているので、鳥が食べやすい。
鳥に食べられた種子は、離れた場所へ運ばれて、
糞と一緒に落とされる。そこが暗い森の中だと、
種子は発芽せず、頭上が明るくなるまでじっと待つ。
チャンスがくるまで待つことも、重要な生存戦略だ。

努力なのである。

休眠する種子

ミズキは、ひたすら生き急いでいるように見える。しかし、一生のうちには、まったく逆の時代もある。それは種子の時代である。熟したミズキの実は大部分が母樹の下に落下してしまうが、一部は鳥に飲み込まれ、移動する鳥によって消化されない種子の部分が散布される。鳥が糞をするには止まり木が必要で、森以外の木のないところでは、種子は散布されにくい。つまり、ミズキの種子はおもに森の中に散布される。しかしここで困ったことが起こる。ミズキは陽樹でありその稚樹は耐陰性が弱く、稚樹の状態では暗い林内では生き延びられないのである。

では、ミズキは、森の中では生きていけないのだろうか。そんなことは決してなく、ミズキは森の中に安定して点在している。ミズキが繁栄しているのは、ミズキの種子は、一〇年以上土の中に埋まっていても、発芽能力があるからだ。つまり、暗い林内に落ちたミズキの種子は、頭上が明るくなるまで、発芽せずにじっと待っているのである。

このように土中で生きたまま休眠できる種子を「埋土種子」という。イイギリ、カラスザンショウ、アカメガシワ、ホオノキ、ニセアカシア、ヌルデ、などの先駆種（陽樹の中でも特に明るい開けた場所に素早く定着しやすい種）の種子は、一〇年以上の寿命がある埋土種子だ。だが、同じ陽樹でもアカマツの種子には休眠能力がほとんどない。

不遇の時代にどう対するか

ミズキの種子は、長い年月にわたり土中で、頭上の木が倒れて日が差し込んでくるのを待ち続ける。森は、一見変化しないように見えても、必ず部分的には若返りが行われる。つまり、台風や寿命で枯死する個体が一定の割合で出現し、その跡に空き地（ギャップ）ができる。埋まっていた種子は、頭上にギャップができたことを感知して発芽し、一気に生長するのである。

しかし、目覚めるタイミングをどうやって決めているのだろうか。もし間違ってギャップと勘違いして暗いままの林内で発芽してしまうと、枯れる運命が待っている。もう種子の姿に後戻りすることはできない。このような危険を回避するために種子には、直射日光（植物の葉を透過していない光）の量を感知して発芽する「目覚ましセンサー」が備わっているのである。直射日光の量が多いということは、頭上に植物がいないということだからだ。

種子を休眠させるという方法は、じつに巧妙な戦略である。暗い森の中では稚樹が育たないミズキであっても、この種子の休眠という方法を使えば、安定して生き残ることができる。山登りのベテランは、遭難してしまっても、むやみに動かず救援を待って体力の消耗を防ぐという。種子も発芽して稚樹になると、やはり活動しなくてはならず、エネルギーを消費してしまうが、種子で休眠している限りエネルギーの消費はない。どんな生物にも、一生の間の中には、生育に適した時期と、適さない時期があるだろう。不遇の時代をどう乗り切って生き延びるか、その対処の仕方が、森の一員として生き残れるかを左右する。恵まれた時代には全力で働き、不遇の時代には動かずにじっと待つ。ミズキの生き方は、じつに理にかなっているのかもしれない。

外見の特徴

樹皮は灰色で浅く縦に裂け目が入る。

花は５月ごろの里山ではよく目立つ。
白い小花がたくさん寄せ集まっている。

葉は互生し、全縁。葉の側脈が
弧を描くように曲がることが特徴。
やや似ているクマノミズキは、
葉がミズキよりも細長く、対生する。

13

ケヤキ……水辺に大きく育つ

ケヤキは、農家の屋敷林に
ごく普通に見られる落葉樹である。
ほうきを逆さまにしたようなきれいな樹形で、
公園や街路樹でも多くの人に親しまれている。
一方、野生のケヤキは、どんな土地を好むのだろうか。

ほうき型の樹形

山野に生える野生のケヤキは、街路樹のケヤキに比べると、必ずしもきれいなほうき型の樹形をしているわけではないが、頂部に枝葉を茂らせる樹形であることに変わりはない。

ケヤキは陽樹であり、稚樹は日当たりの良い場所でないと育たない。成木も強い光を要求する。だから、できるだけ高く生長して、直射日光がよく当たるように頂部に枝葉を集め、逆に日陰となる下枝は枯れ落ちる。こうしてほうき型の樹形となるのである。

ケヤキは稚樹の生長が比較的速いのにもかかわらず、一〇〇年以上にわたって生長を続け、しかも寿命が長い。その結果、高さも太さも際立った巨木になることができる。屋敷林でも、みごとな巨木

ケヤキの種子。
秋に小枝ごと
くるくる回りながら落ちる。
とても変わった種子散布の方法だ。
風に乗ると数十ｍも
飛ばされるという。

ケヤキの樹形。
下枝をあまり出さずに、
ほうきを逆さにしたような樹形になる。

を目にすることも多い。

大きいことの有利

大きくなることは、樹木の基本的な戦略のひとつだろう。ひとたび大きく高く育ったケヤキは、大きな樹冠を広げて、直射日光を独占することができる。そして、長期間にわたってその場を占有できるのである。

樹高が大きいことのメリットは、それだけではない。ケヤキは、種子が実った枝を、葉を羽根がわりにして風で飛ばすという変わった種子散布方式を採用している。枯れた葉のついた枝にくっついた種子は、枝ごとくるくると回転しながらゆっくりと落下する。このため、横風を受けると遠くまで運ばれるのである。風があると数十メートルも母樹から離れた場所へ運ばれるという。ケヤキの稚樹は日陰に弱く、しかも落ち葉のない土壌の露出した場所にしか発芽しない。ケヤキは攪乱の少ない森の中でも単木的に見られるが、やはり、先駆的な性格を持っていて、崩れやすい斜面で主に更新しているという。

風に散布させるタイプの樹木は樹高が大きければ、それだけ遠くへ種子を飛ばすことができる。また、ケヤキは花粉も風に乗せて飛ばす。風に繁殖の手助けを頼む種は、樹高が大きい方が有利なのだ。

大きいことの不利

光の獲得という面からみると、たしかに樹高が大きいほどメリットが大きいだろう。しかし、逆に不利な面もある。たとえば水の確保である。

樹木は水をどう吸い上げるのだろうか。広葉樹は、根から吸い上げた水を、幹の中にある「道管」とよばれるパイプで末端の葉まで運び上げる。水を吸い上げるおもな原動力は、葉の裏側にある気孔という孔から水分が蒸発する力である。水の分子はお互いにくっつきあう力が強いため、葉から蒸発した分だけ、道管の中の水は、這い登っていく。

葉からの蒸発つまり「蒸散」は、土の中の水を吸い上げる役割をもつが、もうひとつの役割がある。葉の温度を下げる役割だ。水分は蒸発するときに熱を奪う。葉の温度があまり高くなると、光合成の効率が落ちたり、葉が傷ついたりするので、樹木は蒸散によって葉の温度を下げようとする。人間が暑い時に汗をかくのと同じである。

大きな木は直射日光を浴びているので葉が乾燥しやすい。大きな木は葉の量も多いので、葉のしおれの防止や温度低下のために必要とする水分も多くなる。また、背が高い木は、高い位置まで水を吸い上げる必要があり、よりたくさん蒸散する必要がでてくる。ところが、土中の水分には限りがある。特に夏に日照りが続いたり、暑さの厳しい日が続くと、特に大きな体の樹木は水不足に苦しむことになる。蒸散ができなくなると、葉の温度が上がり光合成ができなくなったり、葉が傷ついたり、生育にさまざまな障害が起こってしまう。背の高さをめぐって、光の獲得と、水不足のリスクはトレードオフ（一方を追求すると他方を失う関係）になるのである。

水辺で大きく育つ

ケヤキと同様に大きくなる木にモミがあるが、彼らは乾燥に強い。その理由のひとつには、葉の構造がある。モミの葉は針葉で、表面積が少なく、ろう成分（ワックス）の層も厚い。葉からの蒸散を防いでいるのだ。一方、ケヤキのように薄くて平べったい葉は、水分が蒸発しやすい。このような違いを反映して、小さな山であっても、尾根筋にモミ、斜面上部にカシ類、斜面下部にケヤキやモミジ類、水辺にヤナギ類などと、生えている樹木が場所によって明確に違うことがある。これは土壌中の水分条件が生んだ樹木の「住み分け」である。

ケヤキは、屋敷林として関東ロームに覆われた台地でもよく育つが、野生のものとしては、本来渓谷に多い木である。水分条件は樹木の生長を大きく左右するが、ケヤキの場合も、水分条件が良く、かつ水はけや通気性がよい土壌では生長がよい。本来、緩斜面の下部に見られるような土壌が深く肥沃な場所を好むという。渓谷は川が河岸を削ったり、土砂が崩れたりして、不安定な土地が多い。しかしそれでも、渓谷は水が豊富である。渓谷では、湧水の染み出ている川岸の岩盤上や、河原の岩礫上にもケヤキが群落をつくり、巨木に育っていることがある。

一般に落葉樹は常緑樹に比べて夏の暑さと乾燥に弱いが、渓谷に定着できたケヤキは、その点では恵まれている。ケヤキは、幹の中で水を輸送する道管が太く、水を吸い上げる速度が速い。夏には汗をかいて体を冷やす人間と同様に、葉から大量の水を蒸発させ、葉や幹を冷やしている。樹木にとって、光とならんで水の確保は生きるための生命線である。ケヤキは、恵まれた水環境の中で、ひときわ大きくなれるのである。

ケヤキの巨木。
生長が速く、
継続して生長するので巨木になる。
大きくなると、光条件や種子散布に有利になるが、
水の確保という面からは不利になってしまう。

外見の特徴

葉の付き方は互生で、
鋸歯が先端方向に曲がるのが特徴的である。
側脈は鋸歯の先端に達する。

樹皮は灰色で平滑であり、
うろこ状にはげることが多い。

◉木の個性と人の暮らし

ケヤキの材は強靭で狂いが少なく、木目が美しいため、国産の広葉樹としては、最高級の建築材になる。大木になり、大きな材が採れる上に、その耐用年数は数百年と長く、神社仏閣の柱としても使われている。四〇〇年近く前に作られた京都の清水寺の舞台では、数十本のケヤキの大木が柱として使われている。

14

ムクノキ……陰陽を使い分ける

ムクノキは、どこにでも見られる木である。しかし、彼らの性格はひとことでは語り切れない多面性をもっている。その多面性が強さをもたらしているようだ。

河原の先駆種

ムクノキは落葉樹だが、暖かい場所が好きな木である。暖温帯の落葉樹林（雑木林）や常緑樹林に分布の中心がある。暖温帯は常緑樹の生育しやすいエリアであり、そこでは落葉樹は、日陰に強い常緑樹（タブノキ、シイ類、カシ類）と競合する。日陰に弱い樹木が、そこで生き残っていくためには、攪乱を利用した戦略を取るほうが有利だ。森の中ではなく、裸地を狙って定着する先駆種としての戦略である。

ムクノキが得意とする裸地は、河原である。しかも、水面より少し高い位置にある河原である。そこは頻繁に洪水に洗われるような河原ではなく、数十年に一度しか洪水が来ない土地である。

鳥が散布する種子と、すばやい生長

そこは、一度洪水が起こると数十年は安泰の地である。洪水が起きて裸地（河原）ができた後、ムクノキは定着する。ムクノキの種子は鳥が散布する。ムクノキの実は秋に黒く熟し鳥のごちそうになる。せっせと食べては、いろいろな場所に運んでくれる。河原にも飛んできて、種子を散布する。また、洪水によっても種子が散布される可能性もある。

河原に見られるムクノキとエノキの混じる樹林。
エノキは、ムクノキと同じニレ科に属し、
やはり河原によく見られる。

ムクノキの実。人が食べても甘くておいしい。
ムクドリなどの鳥がよく食べている。
ムクノキが雑木林などでよく見られるのは
鳥が運ぶからだ。
種子は休眠能力をもっていて、
森の中でもギャップができるまで待つことができる。

河原で発芽したムクノキは、すばやく生長する。生長が速いということは先駆種にとって重要な性格である。河原にはオニグルミやニセアカシアなどの他の先駆種も侵入しやすく、競争の面からも、すばやい生長力は重要なのである。

先駆種のさだめ

しかし、ムクノキが生長し、ムクノキ林ができたころ、やがてタブノキ、スダジイ、シロダモあるいはカシ類などの常緑樹が林内に増えてくる。それらが生長し、やがてはムクノキにとって代わる時代が来る。やはり、遷移のプロセスからみるとムクノキは先駆種なのである。ただし、河原の場合、必ず数十年に一度あるいは、数百年に一度は大洪水がくるので、どこかに再び裸地がつくられる。そこでムクノキにまたチャンスが巡ってくるわけである。このような河原で繁殖するタイプの木として、同じニレ科に属するエノキがある。ムクノキとエノキは立地に共通する点が多い。

常緑樹林では別の顔をもつ

ムクノキは、河原や雑木林だけに育つわけではない。暖温帯の常緑樹林（タブノキ、スダジイ、カシ類の森）でも、常緑樹に混じって生えている。その姿は河原のムクノキとは違う顔をもっている。そもそも、常緑樹林の中では、落葉樹はあまり育たない。というのも常緑樹林は暗く、多くの落葉樹は日陰に弱いからだ。

落葉樹は、一年のうち半年しか光合成ができないため、強い光を利用して、短期間に高い光合成生

常緑樹林にぽっかりと空いたギャップ。ムクノキの種子は、
土中で休眠する能力をもっており、埋土種子として土中で待機し、
こうしたギャップの形成とともに常緑樹林に侵入することができる。

産を行うタイプの葉をつけることが多い。こういった葉は、弱い光を利用した光合成には向いていない。また、落葉樹の葉は耐久性が低い。乾燥よけのワックス、強度を高めるリグニン、虫よけのためのタンニンなどの物質が常緑樹よりも少ないのだ。半年しか使わないため、コストを削っているのである。また葉にさまざまな物質を詰め込むと、高い光合成能力を保てないためでもある。その結果、一般に落葉樹の薄い葉は、乾燥、寒さ、塩分、虫害に弱い傾向がある。

しかし、暗い常緑樹林の中でも、少数派ながら、安定して存在している落葉樹が、ムクノキである。なぜ、ムクノキは、暗い常緑樹林に存在できるのだろうか。

ムクノキは、小さなギャップを利用して繁殖しているのである。森では、風や、病虫害、寿命などで高木が倒れ、小さなギャップが必ずできる。小さなギャップは、広い裸地と、暗い林内の中間的な明るさの場所である。つまりそれほど明るくはないが、全く暗いわけではない。ムクノキの稚樹は、常緑樹と比較すると耐陰性が弱い。しかし、落葉樹の中ではかなり強いほうだ。低木が密生してなければ、小さなギャップでも十分に稚樹が育つ。ムクノキは、こういった小さなギャップを利用して常緑樹林に点在しているのである。ムクノキと同じニレ科に属すエノキも、よく似た性質を持っている。

埋土種子

ムクノキの種子を小さなギャップへ運ぶのは鳥である。鳥は森の中の木を止まり木にして糞を落とすので、小さなギャップに定着する確率は高い。ムクノキが落葉樹でありながら常緑樹林の中でもよく混じっているのは、このように鳥によりギャップに種子が散布されるためである。

鳥によって散布されたムクノキの種子は、土中で休眠する能力をもっている。埋土種子として土中で待機し、ギャップの形成とともに発芽し生長する。ムクノキの種子は乾燥にも強いようだ。

こうしてみると、ギャップが形成されること（撹乱が起こること）や、種子が休眠できることは、日陰に弱い木に対しても生育のチャンスを与え、森の中の樹種の多様性の維持に貢献しているようにみえる。

寿命が長い

ムクノキやエノキが常緑樹林で生き残ることを助けているもうひとつの条件は、長寿であることである。ムクノキやエノキはそれほど萌芽しないが、それでもかなり長寿である。一度占有した場所を容易に明け渡さず、長期にわたって種子を散布し続けることが、常緑樹林で安定して点在することを可能にしているのだろう。

ムクノキの生存戦略の全体をみると、先駆種的な面もあるし極相種的な面もある。多角的といってもいいかもしれない。芽生えた場所がどんな環境であっても、多角的な戦略であれば生き延びる確率が高まるだろう。

外見の特徴

葉を触るとざらざらするのですぐわかる。
葉の付き方は互生で、鋸歯がある。
側脈は枝分かれしてそれぞれが鋸歯の先端に入る。
葉柄に最も近い側脈は、よく枝分かれする。

樹皮は白さが目立ち、
滑らかで細かく縦に割れる。

15

イヌビワ……空室あります

樹木は昆虫などの生物と協力関係を結んでいることが多い。そのために樹木はさまざまなサービスを生物に提供する。イヌビワは虫との間にじつに巧妙な関係を結んでいる。その協力関係によって、両者は長い年月を生き延びてきた。

花が見えない木

イヌビワはあまり大きくならない樹木である。落葉樹であるが耐陰性が強く、暗い常緑樹林の下にもよく見られる。寒さを嫌い、暖温帯の特に海辺に多い。

イヌビワはイチジクの仲間である。したがってその果実は八百屋で売っているイチジクを小さくした姿をしている。しかし、イヌビワにはきれいな花は咲かない。イチジクは、漢字で「無花果」と書くように、花がない木である。しかし、じつは花がないのではなく、外からは見えないだけなのである。

イチジクは「果嚢《かのう》」と呼ばれ、その内側におしべやめしべがある閉じられた花なのだ。

いちげんさんお断り

イヌビワはなぜ、花を閉じているのだろう。ふつう、植物が花をつけるのは、花粉を運んでくれる虫に立ち寄ってもらうためである。虫が見つけられるように、色や形で、一生懸命目立たせているのである。イヌビワも虫によって花粉を運んでもらっている。ただし、花粉を運んでもらっているのは主に一種類の虫だけで、そのほかの虫は、お断りしている。だから閉じた花なのである。専属契約を結んでいる虫は、イヌビワコバチという虫である。イチジクの先端には小さな穴があいているが、その穴の構造は複雑で、イヌビワと専属契約を結んだコバチだけが入れるのである。

イヌビワのイチジク（果嚢《かのう》）。
閉じられた花であるのは、
不特定多数の虫を呼び寄せる必要がない
（むしろ来てもらいたくない）からだ。
来てほしいのは専属契約を結んだ特定の虫だけである。

冬越しのためのサービス

特定の虫と専属契約を結んでしまうと、困ることがある。もし契約相手の虫が絶滅してしまうと、イヌビワの方も、花粉を運べなくなり、やがて絶滅してしまうという「リスク」があるのだ。このリスクを小さくするためにイヌビワは、努力を惜しまない。

イヌビワは落葉樹だが、冬の間も枝にイ

チジクをつけているのは、コバチの幼虫に冬越しをさせるためである。コバチはイチジクの内部に虫こぶを作って住んでいる。イヌビワは嫌がりもせず、コバチにイチジクを貸している。イチジクは花である。花に虫なんか住まわせて正常に種子はできるのかと思うのだが、それはよく考えられていて、虫を住まわせる木と、種子をつくる木を分けているのだ。イヌビワは雄株（おしべと、コバチ産卵用のめしべをつける）と雌株（めしべしかつけない）に分かれているタイプの樹木で、コバチを住まわせるのは雄株で、イヌビワ自身の種子を作るのは雌株のほうである。

イチジクは、冬の寒さと乾燥からコバチを守るだけでなく、幼虫の食料にもなる。イヌビワがこれほど手厚いサービスをするのは、コバチが死に絶えてしまっては、イヌビワも困るからである。

繁殖も手伝います

イチジクの中で冬越しを終えたコバチの幼虫は、イチジクの中で成虫になる。そして五〜六月になると、イチジクの中で交尾をし、メスのコバチが卵を抱えてイチジクを飛び出す。大繁殖をするためである。

この時期、イヌビワ（雄株）は、コバチが繁殖するためのイチジクをつける。コバチ繁殖用のイチジクには、先端の小さな穴からコバチのメスが侵入し、その内部にたくさんの卵を産みつける。やがて卵は孵化する。幼虫はイチジクの内部に虫こぶというカプセルをつくりイチジクを食べながら育っていく。こうしてコバチはイチジク内部で大繁殖し、大きくなったコバチのオスとメスが交尾して、メスは受精する。七月ごろ、繁殖用の雄株のイチジクは、赤く色づき、先端は大きな口を開く。そして、卵を抱えたメスのコバチは、住みなれたイチジクを飛び出す。さらなる大繁殖のため、自分の卵を産みつける新たなイチジクを探すためである。なお、コバチのオスは羽根も眼も退化してなくなっており、交尾が済むと死んでしまう。交尾のためだけに生きているような存在で、一生をイチジクの中で過ごすのだ。

産卵の様子

コバチの産卵はどのようにするのだろう。まず、雄株の一個のイチジクに数匹のメスがもぐり込む。イヌビワのイチジクの内側には、多数の筒状のめしべ（イヌビワの種子をつくる機能はない、コバチ産卵用のめしべ）があり、先端をラッパ状に開いている。その中に、コバチはお尻から突き出た細長い産卵管を差し込んで卵を産む。

めしべ（コバチ産卵用）の長さは、コバチの産卵管の長さと同じになるように作られている。一匹のコバチは一〇〇～二〇〇個の卵を産む。侵入するときにコバチは羽根は落とす上に、疲れ果てて、産卵後はイチジクの中で死んでしまう。このめしべは、コバチの繁殖用のめしべであって、正常な種子を作る機能はない。

保育サービスの代金

コバチへの保育サービスは、無償で行っているわけではない。イヌビワは、代償としてコバチに働いてもらう。花粉の媒介である。七月ごろ、メスのコバチがイチジクを脱出する時期になると、イチジクの中では花粉をたっぷりつけたおしべが突き出し始める。

　メスのコバチがイチジクの中を動き回りながら脱出するときに、この花粉を体にくっつけるのである。もちろんこのタイミングでおしべが生長するのは、意図があってのことである。次々と古巣のイチジクを飛び出したコバチのメスは、産卵できるイチジクを探して、さまよう。

恐ろしい策略

　大量のコバチのメスが、花粉を体につけて、繁殖用の木から飛び立つころ、こちらも絶妙のタイミングで、雌株、つまり種子用の木は、イチジク（中に本物のめしべがある）を作る。コバチは、コバチ繁殖用のイチジクに侵入するものもあるが、多くが、イヌビワの思う通りに、種子用の雌株のイチジクに侵入する。種子用のイチジクの内部にはめしべが伸びていて、侵入したコバチの体についていた花粉を受け取る。これで受粉完了である。

　では、種子用のイチジクの中で、コバチはうまく産卵できるだろうか。そうは問屋がおろさないのである。種子用のイチジクのめしべには、イヌビワの恐ろしいワナが仕組まれている。コバチ繁殖用のめしべと違って、種子用のめしべは長さが倍以上長く、筒の口もせまい。つまり卵を産めない構造になっている。やがて産卵できないまま、疲れ果ててコバチは死んでしまうのである。イヌビワにとっては、大事な種子用の木のイチジクに卵を産みつけられては困る。虫こぶを作られると、正常に種子が作れないからだ。

共生と進化

秋には種子用のイチジクは黒く、そして甘く熟し、鳥に運ばれて散布される。ここでイヌビワはにんまりと笑うのである。もちろんこの時期には繁殖用の若いイチジクは、もはや作らない。

では、コバチはそこで絶滅してしまうのであろうか。もちろん、そうではない。秋になっても、遅く熟した繁殖用のイチジクから、少数ながらイヌビワコバチの脱出は続いている。このころ、イヌビワは冬越し用のイチジクをつけ始める。イヌビワは、決してコバチを絶滅させないのである。

世界には、七〇〇種類のイチジクの仲間がいるが、それぞれ、専属契約を結んでいる虫がいるという。イヌビワは、コバチをうまく利用できるように体の構造や生活を進化させてきたように見える。というよりも、イヌビワとコバチは、お互いに利用し合う方向に向かって、一緒に進化してきたらしい。このような進化を共進化という。

共進化の相手は複数のこともあるが、イヌビワのように一種の相手のこともある。イヌビワのように昆虫と一対一の協力関係を結んでいる場合、イヌビワコバチが絶滅してしまうとイヌビワも絶滅しかねないという高いリスクを背負っている。

木の個性と人の暮らし

イヌビワのイチジクは、コバチ繁殖用と、イヌビワ種子用とがある。コバチ繁殖用のイチジクは赤紫色に熟す。しかし中をあけるとコバチがつまっていて食べられない。一方、種子用のイチジクは、黒く熟す。こちらは甘くて、ジャムにして食べることもできる。ただし、種子ができているということは、メスのコバチが、少なくとも一匹以上は侵入したことになる。八百屋で売っている食用のイチジクは、受粉をしないで熟すタイプなので、虫の心配はいらない。

外見の特徴

葉は全緑で、互生する。
葉先は急に細くなり尖る。
葉が付いている枝には、
はちまき状の托葉が
落ちた跡（托葉痕）がある。

樹皮は平滑で、白さが目立つ。

16

ニセアカシア……増えすぎた孫悟空

ニセアカシアは、公園によく植えられている落葉樹である。五月ごろ、白い房状の花を、強い香りを放ちながら咲かせる。ニセアカシアは、人気のある木ではあるが、最近は肩身が狭い思いをしている。それはどうやら生命力が強すぎるということからきているらしい。

緑化に貢献

ニセアカシアは明治期に北米から輸入された外来種であり、花が美しく大気汚染にも強いため、公園に多く植えられてきた。一方で河原に野生化して生えているものも非常に多い。これは公園に植えられたニセアカシアから広がったものではなく、山奥に植えられたニセアカシアから広がったものである。ニセアカシアは、砂防樹種（崩壊地などに植えて緑化を行うための木）として、山奥の崩壊地に盛んに植えられてきた。ニセアカシアは、崩壊した斜面に根を張って、安定した斜面に変える役割を担ってきたのである。山奥に植えられたニセアカシアの種子が、洪水のたびに河川の水に流されて、下流側の河原に定着しながら広がったのである。

根粒菌との共生

ニセアカシアは、なぜ砂防樹種、つまり治山緑化のための樹木として選ばれたのだろうか。それは特殊な能力をもっているからである。ニセアカシアの種子はサヤエンドウのような豆果であり、マメ科の樹木である。植物が育つには窒素などの土壌養分が必要だが、土壌の少ない崩壊地ではこれらの養分が少ない。それで多くの樹木が育ちにくいのだ。ところが、マメ科の多くの植物は、根に根粒菌

ニセアカシアの花。
5月ごろ、強い香りを放ちながら咲く。
蜜源植物でもある。

河原のニセアカシア。もともと外来種であるが、
河川の上流の砂防緑化のために植えられたこともあり、
河川に沿って広がり、激しく増えている。

という菌を寄生させている。この菌は空気中から窒素（気体）を取り込んで固体に変えるという特殊な能力をもっている。根粒菌は、固体に変えた窒素をニセアカシアに提供し、お礼にニセアカシアから糖分などをもらっているのである。このようなギブアンドテイクの関係を共生関係という。ニセアカシアは長い年月をかけて根粒菌と共生関係を作り上げ、根粒菌に窒素を補給してもらえるので、土壌の養分が少ない崩壊地でも生育できるのだ。

ニセアカシアの種子。マメ科らしい形をしている。
風や川の水流で散布される。

強い繁殖力

ところで、このニセアカシアが最近物議をかもしている。増えすぎてしまったのである。

ニセアカシアは全国各地の河川の上流に大量に植えられ、洪水のときには大量の種子が川の水に流されて散布される。種子は、裸地ですばやく発芽できるタイプと、土の中で長年休眠できるタイプの二種類が取り混ざっており、明るい場所と、暗い場所の両方の環境に対応できるように工夫されている。埋土種子の中には、二〇年以上土の中に眠っていても発芽する能力を失わないものもある。しかも、日当たりが良い場所では、若い木が極めて速く生長し、かつ若いうちから種子を作ることができるため、繁殖力が強い。

孫悟空の木

繁殖力が強い理由はまだある。ニセアカシアは、根を横方向に伸ばしていって、根の途中から幹を立ち上げながら増えていく「根萌芽《こんほうが》」という増え方をするのである。タケやササもこのような増え方をするが、地上で別々の個体と見える木が、根ではつながっていたり、つながっていなくても、もとはつながっていて同一の個体だったわけである。その増え方はまるで孫悟空の秘術のようでもある。孫悟空が体の毛をむしり取って息を吹きかけると、自分の分身が次々に生まれてくる。ニセアカシアも、根から自分の分身（クローン）を作る技をもっているわけである。

出る杭は打たれる

激しく繁殖するニセアカシアに対して、人間は渋い顔をし始めた。環境省は、「日本固有種の生息域を侵す」との理由で、ニセアカシアを、伐採を勧める対象の「特定外来生物」の「要注意リスト」に入れている。出る杭は打たれるというが、あまりに増えすぎてしまって、嫌われてしまったわけである。

ところが、このような「ニセアカシアいじめ」に困惑しているのが、養蜂業者である。ニセアカシアの花は、とても良い蜜源だからである。国産ハチミツの約半分はニセアカシアから採取されている。ニセアカシアの花から取れるハチミツは、色も香りも良く、レンゲ蜜に次ぐ高級品である。もし日本中でニセアカシアが伐採されれば、良質なハチミツが取れなくなってしまうのである。

　ある目的に役に立つからと言って特定の樹木を人間が増やしすぎると、さまざまな分野に思わぬ影響が生じてしまうので注意が必要ということだろう。増えすぎて困らないのはお金だけなのかもしれない。

外見の特徴

樹皮は、
深く裂けることが多い。

葉は複葉である。
卵型の葉（小葉）が集まって、
鳥の羽根のような
一枚の葉（複葉）を構成している。
小葉は、先端が少しへこんでいる。
複葉の付け根に
１対の鋭いトゲがある。
やはり街路樹として使われる
エンジュ（中国原産）に似ているが、
エンジュは、小葉の先端が
へこまず尖っており、
また、トゲはない。
樹形はすらりとして、
まっすぐ伸びる。

複葉の付け根には
１対のトゲがある。

17

オニグルミ……少数精鋭主義

オニグルミは、食べられる野生の胡桃をつける落葉樹である。胡桃は、ビールのつまみ、胡桃パン、胡桃餅、胡桃味噌など、いろいろとおいしい食べ方がある。おいしく栄養豊富な胡桃は、考えてみるとじつにユニークな種子である。なぜこんなユニークな種子を作るのだろうか。

河原でよく育つ

オニグルミはニセアカシアと並んで河原に多い落葉樹だ。河原以外にも、土壌水分や湿度の高い谷斜面にもよく見られる。食用になる胡桃《くるみ》が採れることでもなじみ深い。オニグルミの実は緑色の球形で、初夏から初秋にかけてブドウの房のように実る。中にはおいしい胡桃が入っている。胡桃を採りに行くなら、河原か沢筋である。

なぜオニグルミは河原に多いのだろうか。河原は、洪水のたびに岸が削られ、新たな河原が作られる。つまりひんぱんに攪乱が起こる場所である。こういった場所では、十分な陽光のもとですばやく生長するタイプの陽樹に有利である。オニグルミは陽樹で、若い木の生長はとても速い。日当たりが良ければ、十年で一〇メートルくらいにもなる。その上、オニグルミはユグロンという、他の植物が嫌う物質を出すため、オニグルミの樹冠の下には他の樹木が生えにくいという。一気に生長してしまえば、他の樹木を寄せ付けないのである。また、オニグルミは土壌水分が豊かな場所を好む上に、冬芽が乾燥に弱い。この点で河原は、土壌水分が豊富で、空中湿度も高いため、オニグルミの生育に適した場所なのである。

ネズミが運ぶ胡桃

オニグルミが河原に多い理由はほかにもある。野ネズミである。河原には野ネズミが多い。野ネズミは胡桃が大好きである。たいていの動物は堅くて胡桃を食べられないが、野ネズミ(アカネズミ)やリスたちは強力な歯で穴をあけてしまうのだ。河原に捨ててある胡桃に穴があいていたら、それは野ネズミが丈夫な歯でかじった跡である。オニグルミの実には脂肪やたんぱく質など高カロリーな栄養がたっぷり含まれていてしかも大粒であるため小動物にとってはごちそうである。

植物は、みな、できるだけ自分の子孫を残し、またその分布を広げようとする習性があるが、オニグルミの種子の散布は主に野ネズミが行っている。といっても、野ネズミは、見つけた胡桃を貯蔵し、ほとんどを食べてしまう。ごく一部食べ忘れて残ったものが発芽、生長しているのである。

栄養豊富な種子

オニグルミの胡桃は、木の実としては最大級に大きい。そして脂肪が豊富で栄養価が高い。なぜこんなに大きく栄養豊富な種子をつけるのだろうか。種子の中の栄養は発芽や生長に使われる。栄養が多ければ、深い地中から土を押しのけて発芽したり、芽生えを動物に食べられても、再び芽を出す力が強くなる。また、頑丈な殻は、乾燥を防ぎ、虫の侵入も阻んでいる。種子の中の豊富な栄養は、種子が生き延びて、芽生え、生長する確率を高める。

河原に育つオニグルミ。オニグルミは陽樹で、
若い木の生長はとても速い。

オニグルミの胡桃。堅い殻に包まれている。
脂肪分が多く栄養豊富なためネズミの大好物である。
種子は主にネズミが散布する。

特に、ネズミに種子を散布してもらう（貯食型散布）場合、種子は消化されない鳥散布のタイプと違って、殻を割られて種子を食べられてしまう確率が高い。ごく少数の、食べ忘れられた種子だけが生き残るわけだ。その種子が、さらに生き延びるためには、発芽力が強くなくてはならない。オニグルミの種子は、同じ動物散布のコナラなどのドングリ（胡桃より小粒で大量に実る）と比べて、より優れた発芽能力をもっている。たとえば、種子に休眠能力がある（数年間は休眠できる）、地下深く（三〇センチ）でも発芽できる能力をもつ、といった点である。栄養をたくさん与えて、生き延びる力を高めようとしているのだ。

大小どちらが得か

オニグルミの種子は大きいが、その分、数は少ない。種子に振り分けられる栄養には限りがあるので、りっぱな種子を無制限にたくさんつけるわけにはいかない。数と大きさは、トレードオフ（両立しないこと）の関係になっているのである。オニグルミの実は大きい代わりに、種子の数は数千個と少ない。多くの樹木は種子を数万～数十万個もつけるので、ひとケタ、ふたケタ少ない。しかし、種子の数を少なくして、個々の種子にたくさんの養分を費やし、個々の種子の生存率を高くすることもひとつの戦略である。少数精鋭主義である。

一方で、樹木の中には風に散布を頼るものがある。風で種子を散布するタイプの樹木は、遠くへ飛ばすためには種子を軽く、つまり小さくしなければならない。種子を小さくすると、たくさん作れるし、軽くなるというメリットがある。しかし一方で、種子が小さいと含まれる栄養が少なくなってし

オニグルミの実。夏の間は木にぶら下がっていて、秋に落ちる。
水面に落ちると浮く。洪水時に流されることによっても散布される。

まう。どちらの戦略が成功するかはケースバイケースである。

貯食型散布のリスク

野ネズミが、オニグルミの胡桃を土の中に貯蔵し、一部を食べ忘れることによって、発芽していることは事実だ。だが、貴重な栄養をつぎ込んだ種子の大部分を野ネズミに食べられてしまうというのは、オニグルミにとってずいぶん無駄の多い方法にみえる。また、この種子散布方法は、オニグルミにとって両刃の剣である。

貯食行動をとる野ネズミは、よい種子散布者になりうるが、食害者にもなる。胡桃には、コナラのドングリに含まれるような渋みはなく、土中に埋めて渋抜きしなくてもネズミはその場で食べられる。このため食料が少ない年は、食べ忘れをせずに、埋めた胡桃を全部食べてしまうかもしれない。

オニグルミにしてみれば野ネズミを手玉にとったつもりが、身の破滅ということもありうる。リスクも大きい方法だ。ネズミが絶滅してもらっても困るので、ある程度は食べてもらい、ある程度食べ残してもらうように、殻の強度や、胡桃の味つけにも絶妙なバランスが必要となる。

保険としての水散布

オニグルミは、野ネズミ以外にもうひとつ種子を散布する方法をもっている。水散布である。胡桃の殻の内側には空洞があり、水にぷかぷかと浮く。毎年台風などで洪水が起き、河川に大量の水が流れると、河原に落ちた胡桃が下流側に流される。流れに乗って、相当な距離を流下して、洪水が治まったところに、ずっと下流の河原に定着するのだ。洪水時には、土砂に埋まってしまうこともあるが、オニグルミは、地下三〇センチもの深さからでも発芽する能力があるという。

進化の過程では、バタグルミという種がオニグルミの祖先に当たる。バタグルミの殻は、トゲ状の凹凸が多く、ネズミによる散布ではなく、水による散布方法をとっていたともいわれている。バタグルミは、絶滅してしまったことから見ると、野ネズミ散布はやはり効果的だったのかもしれない。

外見の特徴

大きな羽状の複葉をもつ。

小葉には細かい鋸歯がある。
葉の裏には毛が密生して
ざらつき、白っぽい。
サワグルミと比べると
小葉は大きく幅広い。

5月ごろ目立たない
赤い雌花を咲かせる。

樹皮は縦にさける。

18

フサザクラ……七度倒れても

フサザクラは、倒れても倒れても起き上がる、起き上がり小法師のような木である。倒れても起き上がる力をもっていれば、土砂が崩れやすい不安定な斜面でも生きていける。むしろ、不安定な場所で繁栄している木なのである。

風に乗る種子

フサザクラは、渓谷の急な斜面や河原にとても多い落葉樹である。種子は風散布で、幅五ミリメートル程度のごく小さい種子をたくさん作り、風に乗せてばらまいている。開花、結実の豊凶の差は少なく、毎年安定して種子を作る。が、発芽した実生は小さく、地盤が安定した場所では草本や他の樹木との競争に打ち勝てない。

不安定な場所を狙う

風散布の樹木には陽樹が多いが、フサザクラも典型的な陽樹で、稚樹の耐陰性は弱い。

根から出ている萌芽枝。崩れやすい斜面では、萌芽枝が活躍するチャンスは多い。倒れることを前提にした生き方かもしれない。

フサザクラの戦略は、競争相手の少ない地盤が不安定な斜面に生きることである。実際フサザクラは、たいてい土砂が移動しやすい急斜面に生えている。稚樹の耐陰性の弱い樹木は、その不利を補うために風により広く種子を散布し、競争相手の少ない場所に定着する戦略を持つことが多い。フサザクラの場合、その定着場所が、不安定なのである。フサザクラは、木の仲間では最も不安定な斜面に適応した種なのである。

ふだんから出している萌芽枝

フサザクラの根元には、おびただしい数の萌芽枝が生えていることが多い。萌芽枝は、もちろん主幹が倒れた場合の保険である。急傾斜地や、土砂の移動が激しい場所では、主幹が倒れることは当た

倒れたフサザクラの再生の様子

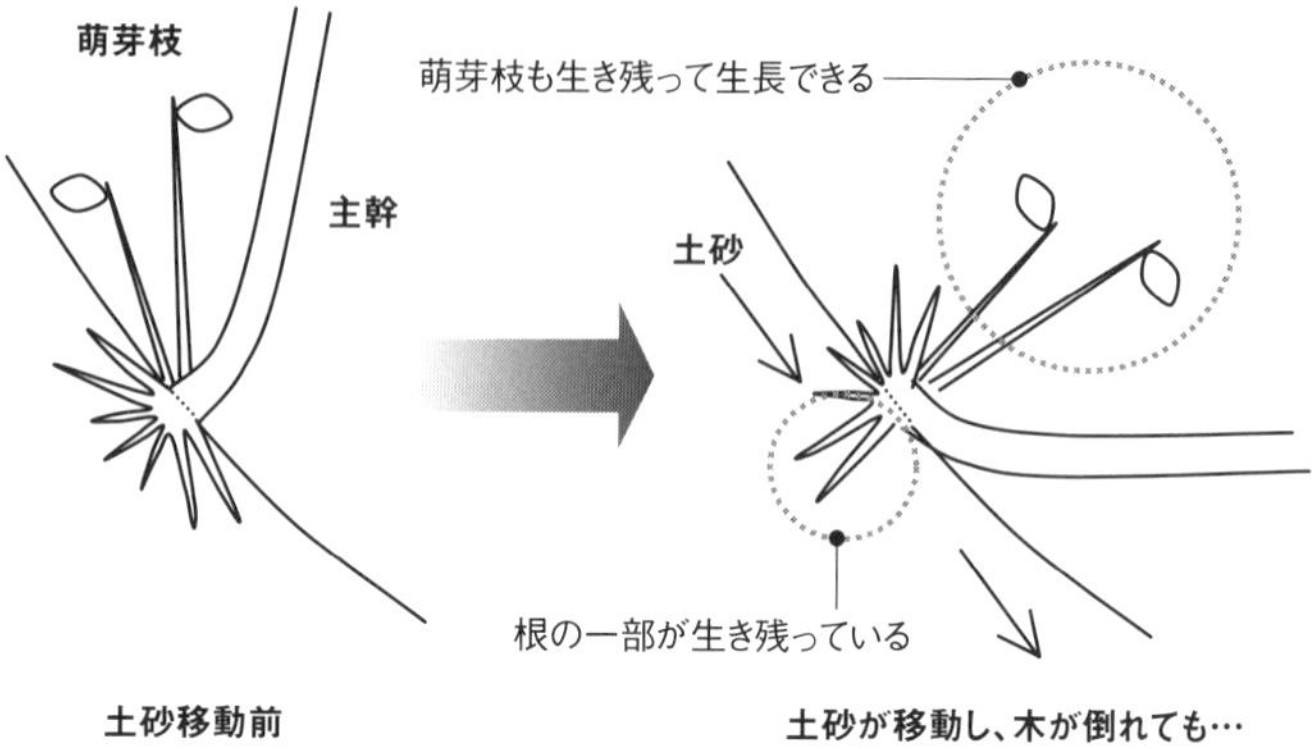

倒れたフサザクラの再生の様子。ふだんから萌芽枝を出しているので、倒れても、根が土中に残っていれば、萌芽枝によって再生できる。

り前である。傾いた主幹は、大きくなればなるほど自らの重さで、さらに傾きやすくなっていく。しかし、たとえ主幹が倒れても、萌芽枝のいくつかが伸びてゆき、倒れた主幹の代わりになることができる。

土砂移動が激しくて、二代目の主幹も倒れると、その根元の萌芽枝が三代目となって後を継ぐ……というように、一生の間に、転倒と、萌芽再生を繰り返して生き延びていることもある。萌芽枝をすばやく伸ばすために、倒れた幹から栄養分を回収して、萌芽枝に回しているという。

地中にしがみつく根

萌芽再生には、根の果たす役割は大きい。萌芽枝をたくさん出していても、根が残っていなければ萌芽枝は生長できない。急斜面では、表面の土砂が移動しやすい。土砂の上に根付いた樹木は、ひっきりなしに移動する土砂によって根を断ち切られたり、根こそぎ倒れてしまったりする。

ところが、フサザクラは、土砂が移動して根こそぎ倒れても、土の中に根の一部がしっかり残っているのである。根の一部が残っていれば、萌芽枝が大きくなって再生することができる。これらは、スダジイやイヌブナといったふだんから萌芽枝を出しているタイプの樹木に共通する能力である。

重力との戦い

極めて激しい土砂移動の場では、フサザクラはもう一つの戦略をもっている。枝の出し方である。フサザクラは、土砂移動の非常に激しい場所では、主幹がほとんど水平になっていることがある。つまり、主幹が倒れて「寝た」状態になっているわけである。このような「寝た」状態のフサザクラの枝はどういう形になるだろうか。寝た状態の主幹からは、根に近い場所で枝が「垂直」に立ち上がる。しかも、根元に近い枝は、主幹に匹敵するくらい太くなるのである。

では、さらに土砂の移動が続き、フサザクラの主幹が水平よりもさらに下向きになるとどうなるだろうか。その時フサザクラは、根元以外の主幹が枯れて腐ってしまうのである。

もしかすると意図的に主幹の先に水分や養分を送らないなどの行動をとって、主幹の大部分を「捨てて」いるのかもしれない。その結果、根元の太い枝（垂直に立ち上がったもの）が、主幹の代わりになる。

◀水平になった主幹から、
上（垂直）に伸びる枝。

▶根元の枝より先の主幹が
腐り始め、
キノコが付いている。

フサザクラの主幹の交代の様子

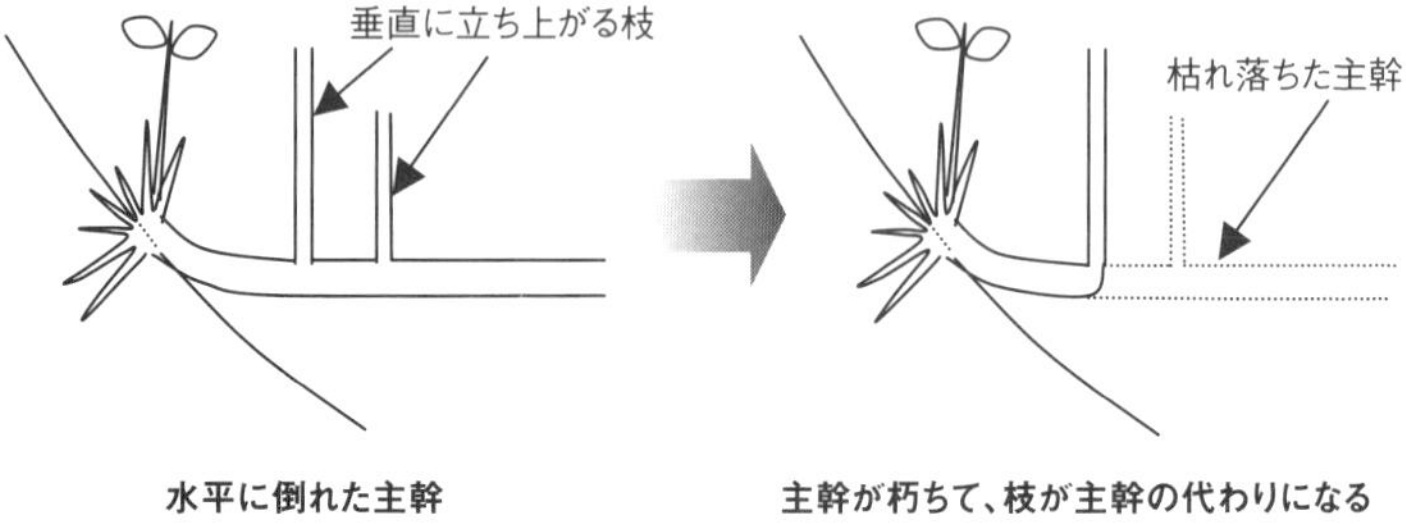

フサザクラの主幹の交代の様子。垂直に立ち上がる枝のうち根元に近いものが、倒れた主幹の代わりに育つ。根元を除いて主幹は腐って落ちてしまう。

常に変化する地形

樹木を取り巻く環境は不変ではない。環境は常に変化しているといってよい。地形や地質についてみれば、地震が起きたり大雨が降れば、斜面は崩れて崖になることもあるだろうし、崩れた土砂で谷が埋まって平地や湿原ができるかもしれない。

火山が噴火すれば一夜にして山ができることもある。そうなれば地形や地質もまったく変わるだろう。したがって、長い目で見れば、大地の姿は常に変化しているといってよい。

安泰な将来

フサザクラは陽樹である。種子に休眠能力はあるが、稚樹の耐陰性は弱く、競争力が高くないようで、森の中では多数派になれない。このため、土砂移動が激しい急斜面を選んで、生き延びているのである。

そこは地盤が不安定であるためにライバルが少ないし、意外なことに急斜面で幹を斜めに張り出すと、光をたくさん獲得できるという利点があるのだ。そして、急斜面のいいところはまだある。不安定な斜面は、将来にわたってなくならないという点である。

地殻変動の激しい日本の国土は、常に地震で崩れたり、流水により浸食されている。だから、常にどこかに不安定な斜面ができる。子孫を維持するという点で、これほど強い戦略はあるだろうか。

外見の特徴

樹皮は灰色で、
小さな横長の皮目や、
枝が落ちた跡のコブがある。

葉の形は円に近く、大小不揃いの鋭い鋸歯が
飛び出るユニークな姿をしている。
葉の先端はしっぽのように長く伸びること、
葉柄が長いことも特徴である。
葉の付き方は互生。

翼のあるごく小さい種子
（幅 5mm 程度）をたくさんつけ、
風に乗せて散布する。

第3章 中間温帯・冷温帯

19

イヌブナ……守りに徹する

イヌブナはブナに似た木であるが、
その性格はかなりブナと異なるところがある。
最大の相違点は、イヌブナは根元から
萌芽枝をたくさん出していることである。
この萌芽枝はイヌブナの繁殖の生命線ともいえるものである。

株立ちが多い樹形

イヌブナは、太平洋側内陸の中間温帯（暖温帯と冷温帯の境界）に多い落葉樹である。

イヌブナはブナに似ているが、葉の大きさや幹の色などが違う。しかし、なんといっても違うのは、その根元である。ブナはあまり萌芽しないが、イヌブナはその根元から盛んに萌芽する。萌芽力の違いは、樹形にも表れる。イヌブナは根元から幹が何本かに分かれる、つまり「株立ち」する。そして、それぞれの幹はブナほどには太くならない。一方ブナは、幹が枝分かれせず、一本の太い幹で立つことが多い。

種子による繁殖が不調

イヌブナが盛んに出している萌芽枝は、とても役に立っている。というのも、イヌブナは種子による繁殖がうまくいってないのである。イヌブナの種子は稜のある堅果（ドングリ）であるが、そもそも生産される種子の数が少なく、かつ健康な種子の割合も少ないという。そして、冬に雪が少なく乾燥する太平洋側では、種子や実生が動物や虫に食べられたり、乾燥死しやすい。さらに、稚樹の耐陰性が弱いため、適度な広さのギャップができないと成木まで育たない。このように、種子による繁殖

イヌブナの萌芽。
ふだんから、根元よりたくさんの
萌芽枝を出している。
主幹が折れたり枯れた場合のための保険である。

イヌブナの実生。稚樹の耐陰性は弱く、
適度な広さのギャップでないと枯れてしまう。
冬に雪が少ない太平洋側では、
種子や実生が乾燥死したり、
動物や虫に食べられやすい。

に、たくさんの不利な点があるため、「保険」である萌芽に頼らざるを得ないようなのだ。

イヌブナは、根元から萌芽枝をたくさん出し、台風などで主幹が折れたり、根返りをした場合、萌芽枝が伸びることによって、すばやく再生する。また、主幹が寿命で枯れても、萌芽枝がこれに代わって大きくなり、個体としての寿命を延ばすこともある。イヌブナは、種子によって分布を拡大することが難しい反面、占有している場所を確実に守ろうとしているのである。

イヌブナは、萌芽によって占有している場所を守るだけでなく、少しでも占有する空間を拡大しようと努力もする。たとえば、隣接する木が倒れてギャップができると、萌芽枝が斜めに伸びて速やかにそのギャップを塞ぐのだ。萌芽枝は、樹木本体から栄養を供給してもらえるので、迅速に生長することができるのである。

イヌブナの株立ち樹形。いずれかの幹が枯れても、残った幹で、開花、結実ができ、母樹としての機能が維持される。

株立ち樹形のメリット

イヌブナは、幹が損傷を受けなくても、株立ちする樹形をとりやすい。幹が一本の木であれば、その幹が枯れると花はまったく咲かなくなってしまう。しかし、いくつかの幹に分かれた樹形をとっておけば、いずれかの幹が枯れても、残った幹で、開花、結実ができる。これはイヌブナの繁殖にとって大きな意義があるという。開花できる幹が一部でも残っていると、母樹としての機能が維持され、種子の生産を継続することができる。それだけではない。個体数が減少すると、遺伝子の多様性が減少しやすいのだが、開花、結実できる母樹が多く残っていれば、別個体どうしの交配（他殖）の機会を増やし、個体群全体としての遺伝的多様性を維持できる効果があるのである。

守りの時代

イヌブナ林が現在太平洋側の内陸に広がっているということは、過去には種子による繁殖が好調だった時代があったはずである。寒くて乾燥した最終氷期には彼らはマイナーな集団であっただろうから、その拡大期はおそらく後氷期のある時期で、現在よりも山火事などの攪乱が多かった時期だったのではないだろうか。イヌブナの種子は堅果なので、それほどは拡大する速度は大きくないだろうが、攪乱地に先駆的に定着し、現在のような太平洋側の内陸の分布域に広がったのではないか。

生物は、なんとかして子孫を維持し、かつその分布を広げようとする性質をもっている。子孫を広げる行動を陣取りゲームにたとえてみると、種子による繁殖を「攻め」とすれば、萌芽による再生は「守り」であろう。現在のイヌブナは、攻めが難しい苦難の時代を、守りで乗り切ろうとしているようだ。萌芽による繁殖はクローンしか生まないので、子孫の遺伝子が多様になることはないが、萌芽によって個体数を維持できれば、少ないながらも種子による繁殖を維持できる。守りは攻めの第一歩である。

土地条件の多様性と共存

イヌブナの守りの戦略は、土地条件をうまく利用している。イヌブナは、土砂の移動しやすい斜面で、しばしば群落を作っている。というのも、ふだんから萌芽枝を出しているので、斜面の土砂が移動して主幹が倒れても、根の一部が土中に残っていれば、萌芽枝が速やかに生長して、再生できるからである。

急斜面の下方に向かって、根こそぎ倒れたイヌブナ。
しかし、根の一部は残っており、萌芽枝が急速に伸びつつある。
ふだんから萌芽枝を出している分、再生は速い。

森の中は、たとえ小さな空間であっても、土地条件が異なる。同じ斜面であっても、数メートル離れただけで、傾斜や土砂の移動しやすさが違ってくる。ある地点が、Aという種の生育にとって有利であっても、その数メートル隣では、Bという種に有利であることもある。しかもその土地条件は年によって変わるのだ。雨の強い年もあれば、日照りの年もある。また、さまざまなタイプの攪乱がいつどこに起こるとも限らない。偶然に支配されることも多いだろう。本来、イヌブナは土砂の安定した場所のほうが生育がよいのだが、多種との競争関係でいえば、土砂の移動の激しい場所のほうが有利になる。不安定な場所がイヌブナにとって生き残るチャンスとなりうるのである。

しかも、多くの樹木は有性生殖で繁殖するので、成木にまで育つには、開花と受粉に始まり、種子の結実、種子散布、発芽、芽生え、稚樹の生長というういくつもの時代（段階）で生き残らなければならない。それぞれの時代で、樹木はおのおの特有の戦略を持っているが、同じ場所において、すべての時代で、最適な（有利な）戦略をとることは不可能だ。このため種の生き残りにも「偶然」が働きやすいだろう。土地条件が多様な森の中では、生存戦略が異なるさまざまな種が共存できるようだ。

外見の特徴

葉は丸みを帯び、葉の縁はとがらない波状の鋸歯であることが特徴。葉の付き方は互生である。葉の側脈は10～14対。よく似たブナは、葉の側脈は7～11対とイヌブナよりも少ない。

樹皮は黒っぽくて、イボ状の皮目（突起）が多く、根元から萌芽をよく出す。ブナの樹皮は白灰色である。

20

イヌシデ……懐の深さ

イヌシデは目立たないが、
雑木林の中でほかの樹木と混じって
安定して存在する木である。
彼らの安定した生き方には、
懐の深さを感じさせるものがある。

風に頼る繁殖方法

シデ類は、芽吹き始めた早春の里山で、他の多くの木々に先駆けて房状の花を付ける。アカシデの雄花は赤く、イヌシデの雄花は緑色で、葉を開く前に枝に垂れ下がるので、よく目立ち、美しい。シデ類の繁殖方式は、どちらかというと原始的である。花は花粉を風に飛ばす風媒花であり、種子も風に乗せて散布する。ただし、同じカバノキ科のダケカンバやシラカンバのようにごく小さい種子ではなく、やや大きく、凝った作りの種子を作る。シデ類の種子は、翼の付いた種子が寄せ集まって、松ぼっくり状の束になっており、風に吹かれるとそれがバラバラになって、飛んでいく。イヌシデの種子の翼は、回転しながら落下する。回転することによって空気抵抗を受ける面積を広くし、落下速度を小さくする。落下速度が小さければ小さいほど、横風が吹いた際に、遠くまで移動できる。風にとても適応した種子の構造である。山の斜面であれば、種子は数百メートルくらい飛ぶという。

雑木林のメンバー

イヌシデは人里に近い雑木林に点在していることが多い。シデ類は人里に近い雑木林では、ある程度は燃料用などとして人に利用されてきた。しかし、コナラやクヌギに比べると、雑木林の中で彼らはあまり目立たない。これは、コナラやクヌギに比べて炭としての品質が劣ったり萌芽力が弱いので、あまり積極的に育てられてこなかったからだろう。逆に、集落から離れて山奥になるにしたがって、シデ類が目立つようになる。

イヌシデの種子。きれいに回転しながら落下する。
数百メートルくらい飛ぶときもある。
散布の面で、かなり優れた種子であるようだ。

中間温帯林の構成種

イヌシデは「中間温帯林」の構成種である。中間温帯林とは、主に中部〜東北地方にかけての太平洋側の内陸部にみられ、冷温帯と暖温帯の中間（境界）に位置する植生帯である。その主な樹木は、イヌブナ、クリ、シデ類、コナラ、モミ、ツガである。この中間温帯林の成立要因には、気候と、攪乱の度合い、という二つの面があるらしい。まず気温についていえば、中間温帯林が分布する場所は、

中間地帯の位置

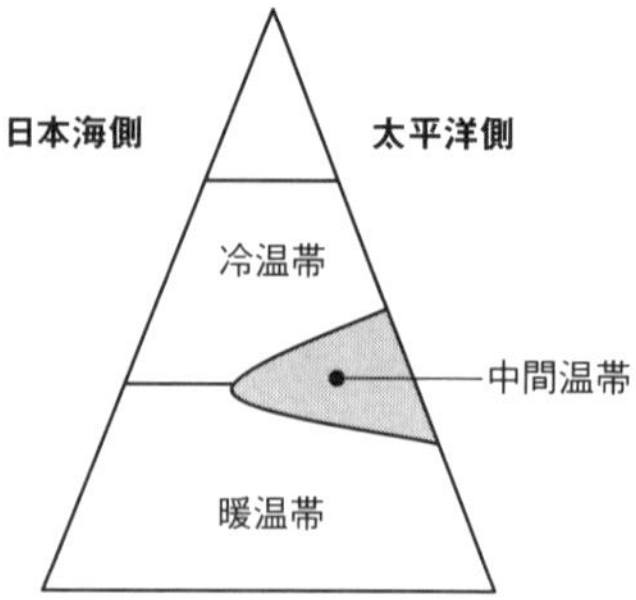

中間温帯の位置。太平洋側の内陸に当たる。
ここには、イヌブナ、シデ類、
モミなどがよく見られる。
暖温帯と冷温帯の境界であり、
また山火事など攪乱が起きやすい地域である。

内陸に位置し、このため夏の暑さと冬の寒さの差（気温の年較差）が大きい。そこでは冷温帯の落葉樹（ブナなど）は夏に暑すぎて耐えられず、暖温帯の常緑樹（カシ類）は冬に寒すぎて耐えられない。また、太平洋側の内陸部は乾燥しやすいため、日陰に強いブナが生育しにくい。こういったいわば「スキマ」の場所に、内陸的な気候に耐えられる種が侵入した結果、形成されたのが中間温帯林である。

さらに、太平洋側は、冬の乾燥のため山火事が多かったり、人間による伐採が行われやすい場所である。つまり、攪乱が起きやすい地域である。風に頼る散布方法をとる樹木は先駆的な性格をもつことが多い。常緑樹（カシ類など）やブナは攪乱地には侵入しにくいが、シデ類は、明るい場所によく育つ陽樹である。生育に適する温度範囲が広く、しかも陽樹であるシデ類などの木が、このような寒暖差の大きい、かつ攪乱の多い場所で、広がったのである。

混住することができる

こうしてみると、イヌシデは、どちらかというと、先駆的な性格をもっていることがわかる。しかし、先駆的とはいっても極端に明るい場所でしか育たないアカマツなどと違って、シデ類は、落葉樹林の中でも安定して存在するタイプの木である。つまり、裸地だけではなく、森の中でも繁殖できる能力をもっているようだ。

樹木のなかには、河原など特殊な環境を選んで分布する種もあるが、シデ類は、あまり、地形、地質などにより分布が偏らない。特殊な環境に「住み分け」て、土地的極相（気候よりもむしろ、土地条件〔地形や土壌など〕に応じてできた極相）をつくるというより、森の中で他の樹木と「混住」するタイプだ。シデ類には、よく似た仲間（イヌシデ、アカシデ、クマシデ、サワシバ）がいるが、近縁の種どうしでも、混住する。よく似ているが、葉の大きさや樹皮が、少しずつ異なる。これらは違った種であるが、ほとんど分布域は重なっているし、入り混じって生えている。カシ類にみられるように土地的に住み分けをしない（ただしサワシバはその名のごとく沢に多い）。彼らが住み分けをせず、入り混じって「混住」しているのは、競争力や土地条件に対する適応力にあまり差がないからだろう。

適応の幅が広い

シデ類は、ほかの種を圧倒して、森に優占するわけではないが、落葉樹林の中に安定して混じるタイプの樹木である。その理由は、環境への適応の幅が広いためである。シデ類は、生育できる温度の幅が広く、暖温帯から冷温帯まで広く分布する。イヌシデの種子は風散布型でかなり散布力が強い。しかも、季節的に密度に変化があるものの、年間を通じてある程度の埋土種子が存在する。陽光のもとでよく育つ陽樹であるが、稚樹や幼樹は一定の耐陰性を持ち、落葉樹林の低木層や亜高木層でも枯れずに育つ。コナラなどに比べるとずっと耐陰性が高く、弱い光をうまく活用して光合成をを行う能力を持っているからである。本来、ゆるい斜面の下部などの、適度に湿った土壌を好むが、乾燥にも耐え、尾根にも生育する。そして寿命も比較的長い。雑木林の中で古木を見ることもある。つまり、さまざまな面で、適応の幅が広い、懐の深い性格をもった木なのである。

近年、雑木林がよく放置されているが、そういった森ではシデ類が増える傾向なのも、このような適応の幅の広さが理由のひとつなのだろう。

イヌシデの古木。近年放置されている雑木林では
シデ類が増える傾向にある。
さまざまな面で、適応の幅が広いことが、
その強さの秘訣だろう。

外見の特徴

樹皮は、灰色と黒の
縦縞模様になる。
幹の表面がでこぼこに
波打っている。

葉は互生する。縁は重鋸歯で、毛が多い。
シデの仲間には、イヌシデの他に、
アカシデ、クマシデなどがある。
葉の大きさは、
アカシデ<イヌシデ<クマシデ、である。

翼のついた種子が寄せ集まった果穂《かすい》。

木の個性と人の暮らし

シデとは、「四手」、つまり神社の鳥居や神棚に垂らしてあるジグザグの形の紙である。シデの実（果穂《かすい》）があの紙に似ていることからその名がついた。シデの材は堅く白みがかった色をしていて家具材、農具の柄、ステッキなどに使われるほか、薪炭やシイタケの原木などにも使われる。また、土地の境界を示す境界木としても植えられた。イヌシデは、巨木になると見事な樹形になり、市町村の名木に指定されていることもある。

なお、広島県山県郡北広島町大朝には、「天狗シデ」と呼ばれる、イヌシデの変種の群落がある。一〇〇本ほどの群落で、どの木も枝がくねくねと非常に曲がりくねっていることが特徴である。突然変異で生まれた変種であり、他の地域にはないとのことで、国の天然記念物に指定されている。このような突然変異は、一定の割合で発生するが、そのほとんどは、生存に不利な変異である。彼らの曲がった枝は、はたして生存に有利に働くだろうか。彼らの子孫は繁栄できるだろうか。

21

ブナ……雪に笑う

ブナは雪の似合う木である。
雪の残る五月や六月に、上越や東北の山々では、ブナが若い葉を広げ始める。
鮮やかな新緑が雪に映える姿は、本当に美しい。
ブナは雪国に多い。それはなぜなのだろうか。

雪が似合う

冷涼な地の落葉樹の代表は、ブナとミズナラである。ブナは日本海側の雪の多い場所に、ミズナラは太平洋側の雪の少ない場所に多い。ブナは太平洋側にも分布するが、太平洋側のブナ林はミズナラなどブナ以外の木も多く混じる。一方、日本海側のブナ林は、ブナの純林が多く、ブナ以外の木は少ない。ブナは雪国ではまさに一人勝ちなのである。

極相種的な戦略

ブナの稚樹は比較的耐陰性が強く、林床に実生や稚樹の集団を作り、頭上の木が倒れるのを一定

ブナの純林（長野県カヤノ平）。雪の多い地方では、ひとり勝ちといってよい。

期間待つことができる。ただし、ブナ林の林床にはササが生い茂っていることが多く、種子の定着を阻むササが枯れる数十年に一回大規模に更新するようだ。ブナの寿命は二〇〇～三〇〇年と長いので一生のうちにはササが枯れる機会が何度か訪れる。ブナはこのような稀なチャンスを生かして更新しているという。ササが多い場所では、子孫を多く残すためには、寿命が長いことも必要な条件となる。

ブナは森の中で世代交代をする極相種である。ブナは耐陰性が高いかわりに、生長が遅く、種子初産齢が四〇年と高い。そして長寿である。これは、まず大きくなることを優先して、繁殖はあとまわしにする戦略をとっているからだ。この戦略は、攪乱の少ない安定した森の中では有利な戦略である。逆に、頻繁に攪乱がある場所では、種子の生産を十分に行えない。日本海側は、太平洋側に比べて、山火事や人為的な撹乱が少ない。ブナが日本海側で純林をつくりやすい理由のひとつには、日本海側は撹乱が少なかったことがあげられる。

雪に耐えて広がる

もうひとつ、ブナが純林といってもいい森をつくるのは、雪を味方につけて繁栄してきたためである。雪の圧力（重み）はすさまじいものがある。雪の多い地域の斜面に生えているブナは、根もとが、「J」の字の形に曲がっている。これは横方向から幹に雪の重みがかかるために曲がったものだ。ブナは雪の圧力に耐えるしなやかな幹をもっていて、他の多くの木々よりも積雪に強い。春の雪解けの時期になると、雪国の山では、ばしっという音がしてブナの若木が雪を跳ね上げているのが見られる。日本海側でブナがこれほどまでに広がった理由のひとつは、雪が多いからである。

根曲がりブナ。雪の圧力は、
幹の根元をＪの字型に曲げてしまう。

雪が助けたブナの繁栄

また、過去のブナ林の研究によって、以下のように多くの点で、積雪がブナの生育を助けてきたことがわかってきた。

⊙冬の乾燥した季節風や低温に直接さらされると、ドングリが乾燥したり凍結して死んでしまう。しかし、種子の上に雪が降り積もれば、乾燥や凍結を防ぐ働きをする。

⊙ブナのドングリはネズミの好物だ。雪がドングリを覆い隠すと、ネズミはドングリを見つけられない。こうして雪はドングリが食べられるのを防いでくれる。

⊙シカはブナの実生（地面から生えた芽生え）を食べる。積雪が五〇センチを超えるとシカが行動しにくくなるため、雪はシカが実生を食べてしまうのを防ぐ。

⊙雪があると、ササが倒れて部分的に地表が明るくなり、春先にブナのドングリの定着や実生の生長に有利になる。

⊙雪解け水が豊富な水を供給してくれる。

⊙山火事が起こるといったん植生がなくなる。そうするとブナよりミズナラの生育に有利な場所になってしまう。雪が多いと山火事が少ないため、ブナにとっては、競争相手のミズナラの侵入が少なくてすむ。

雪は、さまざまな面でブナを助けてきたのである。太平洋側では、ブナは純林をつくらず、他の樹木と混生している。雪国のブナの純林は、豪雪地という特殊な環境下で成立した、土地的極相といったほうがよい。

いつブナは広がったか

日本海側に雪が多くなったのは、後氷期になってからのことである。その前は、最終氷期であり、寒冷かつ少雨な気候だった。その後、温暖化して海面が上昇し、日本海に対馬海流（暖流）が入るようになると、暖かい海流は海水を蒸発させ、それによって日本海側には冬に雪がたくさん降るようになった。

日本海側に雪が多く降るようになると、そこはブナにとって競争相手の少ない楽園になった。最終氷期には、針葉樹に混じって小さな群落を作ったり、比較的暖かい太平洋側の沿岸部に小さな集団を作って細々と生きていたブナは、一万二〇〇〇年～八〇〇〇年前に拡大し始め、急激に日本海側の多雪地に広がったという。

最終氷期以降の気温の変化とブナの拡大

参考文献:小泉武栄著「自然を読み解く山歩き」

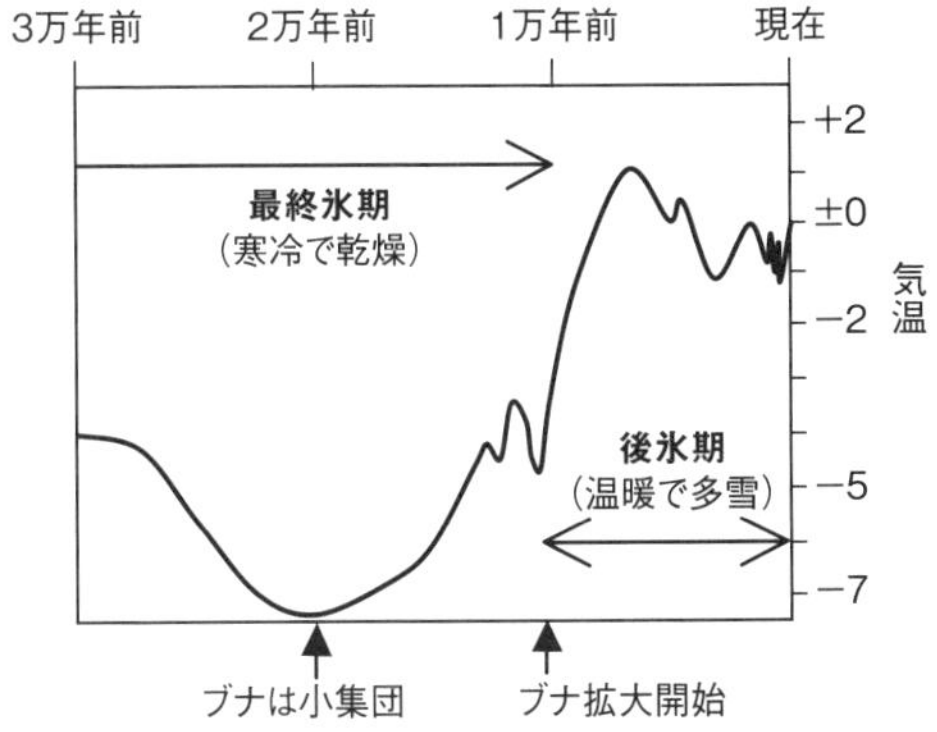

最終氷期（約２万年前がピーク）には
小さな集団だったブナは、
温暖で多雪になった後氷期に
急激に日本海側の多雪地に広がった。

ブナは遷移の段階の後期にあらわれる極相種とみなされる。ブナは稚樹の耐陰性が強い反面、明るすぎる場所では稚樹の葉が脱水や日焼けを起こし生育が悪いという。また、ブナは種子の初産齢が高いだけでなく、種子が重力散布か動物散布の堅果（ドングリ）であるため散布距離が短い。その上、種子の休眠能力は低く、虫の食害にも弱い。萌芽能力もあまり高くない。これらの性質は、分布を拡大する上では不利に働くように見える。それでもブナが日本海側を中心にこれまで分布を拡大できたのは、雪の助けが大きかったのだろう。

各地で適応した地域グループ

全国に広まったブナは、地域的なグループごとに遺伝子の変異が蓄積し、場所によって葉の形や樹形が異なっている。たとえば高緯度地域（北海道など）や日本海側のブナは、太平洋側のブナよりも葉が大きい。これは生育期間の短さに適応したものだという。太平洋側のブナの葉が小さいのは、より乾燥した気候に適応したものらしい。ブナの地域的な変異の一部は、すでに遺伝的に固定されつつあり、北海道や日本海側のブナと、西南日本のブナとの関係を、変種とみなす考え方もある。

それぞれの地域グループは、異なった環境下で異なる自然淘汰を受けたり、集団ごとにランダムな遺伝子の偏りが生じて、グループ間の遺伝的変異が大きくなっていく。グループ間で交配による遺伝子の交流があれば、この分化は防げられる方向へ向かうが、遠く離れたグループどうしは物理的に交配できないので、時間の経過とともに遺伝的な変異がいっそう大きくなっていく。

種が分化するパターンには、染色体変異などにより他のグループと生殖ができないグループが突然生まれるパターンもあるが、共通の祖先をもつ種が分布を広げる過程で、地域的に隔離されることによって、新たな種をつくることが多いようだ。

外見の特徴

葉は互生で、波状の鋸歯をもつ。
葉の側脈は７～11 対。
イヌブナに似るが、ブナの葉は
イヌブナよりも小さめで、側脈の数も少ない
（イヌブナの側脈は 10～14 対）。

種子は堅果（ドングリ）である。
鱗片と毛が密生した殻斗の中に、
３つの稜のある円錐形の堅果が
２個は入っている。

樹皮は白灰色で、しばしばコケに似た地衣類が付着してまだらになる。
イヌブナの樹皮はブナと違って黒っぽい。

22

ミズナラ……攪乱に乗じる

ミズナラは柏餅のカシワに似た大きな葉を茂らせた落葉樹である。冷温帯ではブナと並んでよく見られる。ミズナラは、冷温帯ではブナのライバルであるといってもいいが、両者の生き方はいろいろな点で対照的である。彼らの戦略はどのような点で異なっているのだろうか。

攪乱に乗じて広がる

ミズナラは陽光を好み、攪乱が起きた場所に真っ先に定着することを得意とする、先駆的な種である。ミズナラは冷温帯の中でも太平洋側に多い。なぜなら、太平洋側は、日本海側に比べて、攪乱が多かったからである。ミズナラの拡大に味方した攪乱とは、具体的にいえば、人による伐採と、山火事である。縄文時代以降、太平洋側は人間活動が盛んで、しかも雪が少ない地域であったため、伐採や、焼き畑や萱場のための火入れが盛んであった。しかも冬に乾燥しているため、自然発火の山火事も多かった。しかし、ミズナラの幹はコルク質が厚く、焼けにくい。その上、攪乱地においては真っ先に定着し、すばやく生長して場を占有できる。また、人間によって伐採されても、萌芽力が強いた

炭化した黒い地層（破線の囲み部分）。過去に山火事があったことを示す。
山火事などの攪乱はミズナラのような先駆的な種が広がる助けになってきた。

めに、繰り返し再生することができた。ブナが雪を利用して広がったのに対して、ミズナラは攪乱を利用して広がってきたのである。

種子散布の工夫

ミズナラは攪乱に乗じて広がるタイプの種である。すばやく攪乱地に侵入する上で重要になるのが、種子の散布である。ミズナラの実はドングリで、その散布は、重力あるいは、ネズミや鳥に頼っている。それほど散布の効率がよいとはいえない。

しかし、ミズナラはそれを補うように、若いうちから種子をつくることができる。ミズナラは早熟である。桃栗三年柿八年というが、ミズナラの種子の種子初産齢も一〇年そこそこである。しかも、豊凶の波が少ない。若いうちから種子を散布できるということは、特に頻繁に山火事などの攪乱が起こる場所では、親が死んでも子孫が残る確率は高くなる。ミズナラは乾燥に強く、降水量が少なかった最終氷期にも、かなりの集団が今の冷温帯域に存在していたようだ。これを母樹集団として太平洋側へ広がっていったのだろう。

守りも固い

攪乱地に侵入し、分布を拡大することを「攻め」とみるならば、すでに占有している場を維持するのは「守り」である。ミズナラは、攻めも巧みだが、守りも固い。

ミズナラは、ライバルのブナに比べると、あまり背が高くならない。しかもしばしば株立ちする。株立ちできるのは、萌芽力があるからだ。萌芽再生は、山火事や風などで倒れた場合の、延命手段である。ミズナラがあまり大きくならない理由のひとつは、萌芽能力を高めるために、幹だけでなく根に栄養を回しているからである。逆に、ブナの根が浅く、風によって倒れやすいのは、根よりも幹により多く栄養を投資しているからだ。ミズナラは、萌芽することによって延命を図り、そのうちに新たな攪乱が起こるのを待つ。守りは攻めにも通じるのである。

極相的な面を持つ

ミズナラの稚樹はブナの稚樹よりも耐陰性が弱いため、ミズナラ林はより耐陰性の強いブナなどの陰樹の森に変わっていくこともある。耐陰性の他にも、ミズナラ林に芽生えたブナの稚樹にとって、有利な点がひとつある。ブナはミズナラよりも開葉時期が早いことだ。このため、早春にミズナラの高木が葉を開く前に、ブナの稚樹は十分に光合成ができるという。しかし、興味深いことに、先駆的な種とはいっても、ミズナラは、攪乱地だけで更新しているわけではなくて、森の中（林床）でも更新している。稚樹の耐陰性がそれほど弱いわけではないのだ。しかもミズナラは二〇〇年以上の寿命

株立ちするミズナラ。
萌芽によってこのような樹形になる。
子孫を残すためには、種子で分布を拡大するとともに、
萌芽によってすでに占有している場を
維持することも重要だ。株立ち樹形は横に広い
樹冠を広げやすく、光の獲得に有利だ。

があり、森の中に長くとどまっていることができる。太平洋側ではミズナラの森が極相林のように数千年も続いている例もある。ミズナラの強さは、先駆種としての面と、極相種としての面を兼ね備えたところにある。

ブナとの住み分け

ブナとミズナラは、攪乱への適応の仕方に違いがあるだけでなく、積雪に対する耐力や、乾燥に対する耐力（ミズナラの方が乾燥に強い）などに違いがあり、日本海側（ブナ）と太平洋側（ミズナラ）に住み分けている。また両地域の境界では、南斜面と北斜面という斜面の方向でブナとミズナラが住み分けていたり、乾燥した尾根にミズナラ、斜面下部にブナと局所的に住み分けていることもある。同じブナ科であっても、これほど適応の仕方が異なるのが興味深い。

ブナとミズナラは、雑種のつくりやすさにも違いがある。ブナは近縁の種（たとえばイヌブナなど）と雑種を作りにくいが、ミズナラは、カシワなどコナラ属の仲間と雑種をつくりやすい。ミズナラによく似た近縁の木にコナラがあるが、ミズナラは高い標高の場所（冷温帯）、コナラは低い標高の場所（主に暖温帯）と、気候によって住み分けている。樹木が住み分けている場合、両者が交配する機会が少ないため、雑種ができにくい。しかし、気候変動や火山噴火などの環境の変化が起こったり、人為的攪乱が行われると、両者が強制的に狭い場所に閉じ込められ、雑種ができやすい。ナラ類の場合そのような機会は最終氷期だったという。最終氷期には太平洋側の暖地にコナラ、ミズナラ、カシワなどのコナラ属の種が一緒に閉じ込められていて、そこで激しい遺伝子の相互浸透が起きたという。

温暖化後のブナとミズナラ

地球温暖化が進み、積雪が減少した場合、ブナとミズナラの将来はどうなるだろうか。まず、雪に守られて繁栄してきたブナは、積雪が減少すると更新がうまくいかず、消滅の危機に瀕している。この危機は、やはり積雪に守られてきたハイマツや亜高山の針葉樹にもあてはまる。すでに太平洋側のブナのかなりの部分は、消滅へのカウントダウンが始まっているようだ。というのも太平洋側のブナは今から二〇〇〜三〇〇年前の江戸時代にあった小氷河期に生まれたものであり、その後の温暖化による雪の減少などで、種子が健全に育たず、稚樹がほとんどみられないのだという。

一方、ブナと対照的にミズナラは雪を必要とせず、乾燥に強いので、ブナほど温暖化の影響は受けないようである。むしろ温暖化によって衰退したブナの跡地にミズナラは拡大しそうである。しかし、それでも、不安がないわけではない。不安とは害虫である。近年「ナラ枯れ」といわれる現象が、京都や北陸を中心に広がっている。これは、ミズナラ、コナラ、カシワ、ブナなどの樹木が、夏なのに葉が紅葉したように赤く変色して急速に枯れるものである。その原因は、幹に孔を穿って潜入するカシノナガキクイムシ（体長五ミリメートル程度）という昆虫で、ナラ菌という病原菌を媒介する。ナラ菌が樹体内で広がると、樹木は脱水症状を起こして枯れてしまう。カシノナガキクイムシやナラ菌はもともと東南アジアなど暑い地域が原産だという。今後温暖化に伴って、カシノナガキクイムシが現在の分布もより標高の高い場所や、北に拡大する可能性がある。温暖化は、気温が変わるだけでなく、雪や風、雨の降り方、そして、生物の分布まで変えてしまう。生態系に対する影響は、極めて複雑で、予想不可能な部分が多い。

外見の特徴

葉は大きめで、長さ10～20cm。
葉は互生するが、
枝先に集まってつくのが目立つ。
葉の縁に大ぶりの鋸歯がある。
葉柄はほとんどない。
コナラの葉は長さ6～15cmと
やや小さく、1cmくらいの葉柄がある。

樹皮は、縦に割れ目が入り、
表皮がはがれる。
コナラの樹皮は縦に
割れ目が入るが、はげない。

◉木の個性と人の暮らし

ミズナラの材は重く堅く、木肌も美しいため評価は高く、家具材などさまざまな方面に使われている。その材は、ウイスキーを熟成させる樽にも用いられる。ミズナラ材は、曲げにくい上に折れやすく、しかも漏れやすいため樽にするのは苦労が多いそうだが、ミズナラの樽で長期熟成した原酒は、東南アジアの香木である伽羅（キャラ）の香りがするという。過去にミズナラの樽で熟成された、五〇年もののウイスキー五〇本が、一本一〇〇万円で発売されたが、一日で売り切れたという。

23

トチノキ……倒産しない経営哲学

トチノキは、その実がトチモチの原料になる木で、日本では大切にされてきた。
トチの実はクリの実とならんでとても大きい。
トチノキが大きな実を作る陰には、さまざまな苦労と、知恵が隠されている。

にぎやかしの花

トチノキは、谷筋によく見かける落葉樹である。乾燥する場所が苦手で、適度に湿った土壌で生育がよい。沢筋の斜面に小さな群落を作るか、点生する。葉が大きく、車輪状について森の中では目立つ。トチノキの花は、小さな花が寄せ集まった円錐形の花序で、上向きにつく。それぞれの花はほのかな香りと、大量の蜜を出し、養蜂に使われる蜜源植物となっているほどだ。蜜につられて、ハナバチというハチがやってきて、トチノキの花粉を運ぶ手助けをする。

蜜は糖分が多く、樹木にとってもコストがかかる。無制限に放出するわけにはいかない。そこで、ある工夫をしている。その工夫は、スーパーの特売と似ている。トチノキは開花後、三日間だけ蜜を

トチノキの花。黄色い蜜標が出ている。
大量の蜜を出すが、それは３日間だけである。
４日目以降は、蜜は出さないが、広告塔の役目は果たす。
トチノキの花は、ひとつの木に両性花（１割以下）と、
おしべだけの花である雄花（９割以上）が混じっている。
雄花はディスプレイの役割ももっている。

出す。四日目以降も、花は落ちずに残っているが、蜜を出さない。三日間で蜜のサービスはおしまいである。では、ハナバチがすぐにトチノキに見向きもしなくなるかというとそうではない。やはり、たくさん花が付いていると、それに惹かれてお客さんのハナバチが集まるのである。つまり古くて蜜の出ない花は、お客さんを呼ぶための、「にぎやかし」である。花が大きく、たくさんあるほど虫は集まる。これをディスプレイ効果という。

採用試験を行う

蜜をつくるには糖分などのコストがかかる。そんな貴重な蜜を盗む者がいる。それが盗蜜者である。盗蜜者は蜜を吸うだけで、花粉を運んでくれない困った虫だ。トチノキは、盗蜜を防ぐ工夫も怠りない。

蜜を出しているはじめの三日間は、花の中央に、黄色い蜜標（送粉者を呼び寄せる紋、マーカー）

をつける。ところが、四日目以降は赤い蜜標をつける。何のために色を変えているのだろうか。それは、花粉を運ぶ虫の採用試験を行っているのだ。盗蜜者には、蜜を出す新しい花には来てほしくない。一方、ハナバチは、体毛が多く体が大きいため、効果的に花粉を運んでくれるので、たくさん来てほしい。そこでハナバチにだけわかるような方法で、蜜が出る花を示しているのである。ハナバチは、二つの花を見分けられるが、盗蜜者は見分けられない。盗蜜者には、古くて蜜の出ないダミーの花（赤い蜜標）に行ってもらうように仕向けているのである。つまり、送粉者の選別を行っているわけである。

容赦のない解雇

トチノキは、個体どうしが、申し合わせたように、一斉に開花し、一斉に結実する。一斉開花は、受粉効率を高めたり、大量の花を同調して咲かせることにより虫を集める効果を狙っているらしい。一斉結実は、豊作年に増加した捕食者を、凶作年に飢え死にさせて、数の調整を図る意味があるという。貯食型散布の場合、種子散布者は食害者になりうる。つまり、必要とする捕食者の数をコントロールしているのだ。種子散布者という労働者の「雇用調整」つまり「解雇」ということだ。

種子の厳しい競争

トチノキの実は、クリに似ていてとても大きい。日本の樹木の種子としては最大級である。しかし、大きくなり成熟するまで、厳しい競争を勝ち抜いてきたのである。トチノキは、たくさん結実するが、その実のうち、ごく一部しか成熟できない。それ以外のほとんどの実が、途中で落ちてしまう。トチ

トチノキの実。大きいが、渋みが強く、手間のかかるあく抜きをしないと食べられない。
トチノキの実が大きいのは、散布者のリスやネズミへの報酬をはずんでいるためでもあるが、なによりも芽生えの生存率を高めるためでもある。

ノキの実は大きいので、全部の実が生長したら、親木の体力が続かないのだろうが、それにしても、当初からなぜそんなに大量の種子を結実するのだろうか。無駄ではないのだろうか。

これには、いくつかの理由が考えられる。まず、たくさんの種子が、虫に食われたり、健全に育たなかったりするためだ。このため、あらかじめたくさんの種子をつけておかないと、最後まで生き残る種子がなくなってしまう。これは、優秀な種子を選別する意味もある。また、たまたま日当たりなどの生育条件が例年よりよくなった場合に、チャンスを生かして、たくさんの種子を生産することを狙っていることもある。いずれにせよ、最終的に生き残った種子は、厳しい競争を勝ち抜き、かつ運の強いエリートたちだということである。

運次第の生き残り

しかし、大きく実ったエリートの種子たちが発芽できる確率はさらに小さくなる。というのも、実った種子は、ほとんどが動物に食べられてしまうからだ。トチノキの種子は九月から一〇月にかけて成熟し落下する。落下した種子は、リスやネズミによって運ばれ、巣穴や比較的浅い土の下に貯蔵される。トチノキの実は小動物によって、一ケ所に五〇個以上も貯蔵されることがあるという。しかし、そのほとんどがリスやネズミに食べられてしまう。鳥散布の液果のように、果肉（鳥の胃袋に収まる報酬の部分）と、種子（消化されず、散布される部分）の部分に分離されていないからだ。ごく一部の、食べ忘れたり、隠した主が死んでしまったりした種子だけが、発芽できることになる。

トチノキの実が大きいのは、種子散布者に対する報酬をはずんでいるだけではない。芽生えの生存率を高めるためだ。トチノキの芽生えはすばやく生長する。実生の生長が速いのは、種子の栄養を使えるからだ。それほど明るくない落葉樹林の林床や小さなギャップであっても、春先の高木が開葉する前の一～二ケ月は明るい。短期間であっても、高木が葉を開く前の短い期間に伸長して他の植物よりも高さを稼げば、生き残る確率が高くなる。また、種子に貯蔵された栄養分が多いため、昆虫や小動物に地上部を食べられても、地下に埋まっている種子の栄養で再び茎を伸ばすことができる。

無駄ではない無駄

種子は糖分を多量に必要とするだけでなく、糖分よりもはるかに貴重な窒素やリンという物質を含んでいる。このような貯食型散布と言われる種子の散布方法は、そうとうに無駄の多い方法に思える。

しかし、無駄というのは、最終的な目的に照らして、無駄かどうか判断しなければならない。最終的な目的は、子孫（遺伝子）の維持である。ということは、最終的に種子のうちの「ひとつかふたつ」が成木にまで生長すれば繁殖は成功ということになる。しかし、森の中で樹木の種子が成木にまで育つことのできる確率は極めて低い。だから、膨大な種子を生産しなければならないのだろう。トチノキが絶滅せずに今日も生きているということは、その無駄は、子孫（遺伝子）の存続という目的に照らせば、無駄でなかったことになる。

本能の奥にあるもの

樹木がたいへんな労力をかけて種子を作り散布するのは、本能であり、それは、彼らの遺伝子に組み込まれたプログラムが、それを命じているのである。それは受け継いできた遺伝情報を子孫に託して、絶やさないためだ。生物は駅伝のランナーのようであり、遺伝情報は彼らがリレーするタスキに似ている。生物にとって最も大事なものは、遺伝情報である。体は、「もの」である。いつかは死ぬ。しかし「情報」は永遠に残すことができる。生物が、伝えようとしているものは、「もの」ではなく、「情報」である。

すべての生物は、共通の祖先をもち、祖先から受け継いだ共通の遺伝子をもっている。とすれば、その共通の遺伝子の中に、生物（生命系統）を、永遠に存続させようとする共通のルールがプログラムされているのかもしれない。種が分化したり、種が共存する背景には、何らかの生物（生命系統）の「意図」が働いているかもしれない。

外見の特徴

樹皮は灰色で小さな凹凸が多く、
触るとざらざらする。
縦に浅くさけることがある。

赤い蜜標が出ている花。
蜜は出ない広告用の花である。

葉は、5～7枚の小葉が軸に
車輪状につく複葉。
小葉は大きく長さ20～30㎝。
ホオノキと異なり、鋸歯がある。

24

ホオノキ……一億年を生き延びる

ホオノキは、枝先に大きな葉を車輪状に茂らせ、その葉の輪の中に白い大きな花を咲かせる。ホオノキは一億年前から生き延びてきた、広葉樹としては古いタイプの木である。かれらが一億年生き延びてきた秘密は何なのだろう。

匂いで引きつける

広葉樹は、針葉樹から進化した樹木のグループといわれている。樹木の歴史をたどってみると、一億年前の白亜紀の中ごろまでは針葉樹が栄えていたが、一億年前を境に広葉樹が優勢な時代に変わり、現在にいたっている。ホオノキは広葉樹であるが、その花の構造は一億年前に現れた「広葉樹の初期の姿」の一面を残しているといわれている。

広葉樹が針葉樹より進化している最大の点は送粉方法である。針葉樹は花粉を風で飛ばすが、広葉樹は花粉を虫に運んでもらうことが多い。このような虫との協力関係は、針葉樹の時代にはなかったものである。ホオノキの花は広葉樹としては原始的な形をもつとはいっても、虫に花粉を運んでもらうタイプの花（虫媒花）である。ただし、多くの花は虫への報酬として蜜を出すが、ホオノキの花からは、蜜は出ない。広葉樹が出現し始めた時代には、虫を引き付けるのに蜜は使われておらず、蜜を使うようになったのはもっとずっと後のようだ。では、何で引きつけているかというと、どうやら、強烈な香りと、食料としての花粉であるようだ。

ホオノキの花。花弁の中心におしべとめしべの集まりが、円錐状になってつく。先端の部分がめしべ、その根元の広がっているのがおしべ。開花後2日目以降なのでおしべが開いている。おしべ、めしべがらせん状に並ぶこと、おしべとめしべが葉の姿を残していること、がく片と花弁の区別が明瞭ではないといった古い花の形態をもつ。

自家受粉を防ぐ花の仕組み

ホオノキの花は、自家受粉を防ぐための独特の仕組みをもっている。自家受粉とは同一の木の花同士で受粉することである。自家受粉によってできた種子は健全に育ちにくい。これを「近交弱勢」という。自家受粉によってできた種子の多くは、稚樹になるまでに淘汰されてしまう。ホオノキの花は両性花（おなじ一つの花におしべとめしべが同居している花）であるが、時期によって「性」が変わる。つまり、開花して一日目は、めしべが張り出して雌花として機能する。次に二日目は、おしべが張り出して、雄花として機能する。開花した初日には、昆虫が運んできた他個体の花粉をめしべにつけてもらって受粉する。二日目には、訪れた昆虫の体に、おしべの花粉をつけてもらって、他個体のめしべへと運んでもらうわけである。花の寿命は二～五日くらいである。こうしておしべとめしべの時期を変えることによって、同一の花の中での自家受粉を避け、他の個体に送粉してもらうことによって遺伝的多様性を維持している。

なぜ自家不和合性をもたないのか

ところが一方で、健全に育たない種子がけっこうあるのだ。おしべとめしべの時期をずらすという、自家受粉対策だけでは不十分なのである。ホオノキは確かに、「同じ花」の自家受粉は防いでいた。しかしホオノキは、同じ木でも一斉に咲くのではなく、開花日がバラバラになるように花が咲き、一ケ月程度もつぎつぎに花を咲かせるのである。これでは「同じ木の中の別の花同士」で自家受粉してしまう。こうして、自家受粉し、健全に育たない種子や実生が、けっこう出現してしまっているのだ。

もし自家受粉を完全に防ごうとするならば、「自家不和合性」という性質をもたねばならない。自家不和合性とは、同一の木の花粉を受け付けない（受粉しない）体質のことである。しかし、ホオノキには自家不和合性はなく、完全には自家受粉を防がない。その理由のひとつとして、育たない種子も「鳥のエサ」の役割を与えているため、とも考えられている。ホオノキの実は赤く、鳥が食べて散布する。ホオノキは大群落を作るというよりも点在するタイプの木である。目立つように個々の木が、たくさん実をつけて、鳥に営業努力をしなければならない。育たない種子をつけるのは貴重なコスト

（栄養）の無駄に見えるが、それは健全な種子を散布してくれる鳥への報酬だったのである。

ギャップに適応した種子

送粉と同様に、種子散布の方法についても、ホオノキは鳥に協力してもらうように進化した。ホオノキの種子は、赤い実がとうもろこし状に集まった形で、ややグロテスクな形をしている。色と形が目立つのは、散布者である鳥を引き付けるためでもある。ホオノキの種子は鳥が食べ、移動した後に糞と一緒に地面に落ちる。種子は地中で二〇年以上休眠できる能力をもっている。その種子が、目を覚まし発芽する条件は、光や、温度である。陽樹であるホオノキには、十分な光が必要である。眠っている種子の頭上にギャップができると光がたくさん差し込むようになる。このとき、光を感知して発芽する。「種子の鳥散布」、「種子の休眠」という戦略は、ギャップで芽生えるのに適している。

種子の目覚めには、もうひとつ工夫がある。樹木には春に発芽するタイプの種子が多い中で、ホオノキの種子は七月ごろに発芽する。ある程度暑い期間を経験しないと目を覚まさないようになっている。春に発芽せず、夏に発芽するのは、ギャップを見つけるためである。ホオノキは落葉樹林に多い。春は落葉樹林はどこも明るく、どこがギャップなのかわからない。そこで、光条件と、温度が明確にわかる夏に、発芽するのである。

強い耐陰性と、速い生長

ホオノキの稚樹は陽光下でよく育つ陽樹である。稚樹の耐陰性は中程度で、閉鎖した林冠下でも数

陽光の下で育つホオノキの稚樹。陽樹としての性格をもち、
明るい場所では、生長はとても速い。生長すると、高さ 20m 以上になる。

年くらいは生き続ける。一方で、稚樹が見られる場所は、やはりどちらかというと明るい場所に多い。その生長速度はとても速く、ギャップでのほかの種との競争に打ち勝つことができる。明るい場所では稚樹は数年で二〜三メートル程度にまで育ってしまう。

落葉樹であるホオノキは、春になって葉を開くときにもギャップでの定着に適した性質が見られる。春には一定の葉を開くわけだが、すべてを開ききらず、光条件に合わせて、その後も順次葉を展開していく。明るい場所だった場合は、たくさん葉を開き、暗い場所だった場合はあまり葉を開かない。光の当たり具合を見ながら、生長量を決めていくという、臨機応変さがあるのだ。葉は車輪状につくためお互いに重ならず、速く生長して高さを稼げば、上部の葉が、下部の葉の陰になりにくい。体のつくりも合理的である。

あまり枝を出さずに、真っすぐに上へ上へと伸び、二〇～三〇メートルの高さになる。細かい枝をあまり出さないので、ゆったりとした樹形を見せる。とにかく高く生長することに栄養を回しているので花をつけるようになるのは、二〇年を過ぎてからである。早い生長の反面、寿命は短いが、萌芽によって寿命を延ばす戦略も持っている。

ギャップに適した繁殖戦略

ホオノキの花や種子、繁殖の特性を見ていくと、花粉の虫媒、種子の鳥散布、種子の休眠、早い稚樹の生長という戦略が浮かび上がってくる。これは、小さな群落をつくり、ギャップで更新するタイプの樹木に適した戦略なのである。先駆種と極相種の中間的な戦略だ。

広葉樹よりも古いタイプの針葉樹は、風媒花、風散布種子という繁殖方法を得意とする。これらの繁殖方法は、どちらかというと大群落を作る樹木に有利である。広葉樹が進化し、地球上に広まると、森に育つ樹木はより多種多様となった。

これは、虫媒花、鳥散布種子という生物を利用した繁殖方法を獲得した広葉樹が、小群落でも生き延びることができるようになったためだ。ホオノキは広葉樹としては初期（一億年前）に生まれた樹木である。ホオノキが小群落として生きる戦略で一億年を生き延びたとすれば、それは優れた戦略なのではないだろうか。

外見の特徴

樹皮は灰白色で、つぶつぶした
皮目が見られる。根元から幹が
枝分かれして株立ちすることも多い。

枝先に車輪状に大きな葉をつける。
葉は長さ 30 ～ 40㎝と
とても大きい。
トチノキもやはり葉が大きいが、
トチノキは鋸歯があり、
ホオノキは全縁である。

実も大きい。１～２個の種子が入った袋果《たいか》が
たくさん集まった集合果。秋に赤く熟す。

25

イタヤカエデ……どこまで無駄を削れるか

イタヤカエデは、冷温帯のブナやミズナラの下、あるいは暖温帯の二次林にもよく見られる木である。カエデ類は、あまり大きくならずに、亜高木として生きていることが多い。その戦略はどんなものだろうか。

亜高木という生き方

亜高木層に多いのはカエデ類に共通する性質である。カエデ類は、日当たりの悪い亜高木層で暮らすことが多いためか、枝の張り方にも工夫をしている。カエデの仲間は、ひさしのように水平方向に広がった、平べったい枝葉を出しているものが多い。このような枝葉の茂らせ方をするのは、葉がお互いに重ならないようにするためである。葉が重なると、下の葉に日が当たらなくなってしまうのだ。「無駄」のない葉の茂らせ方である。

このような水平に枝を出す木は、葉を開くタイミングにも特徴がある。その開葉の仕方は「一斉開葉型」と呼ばれ、その年に使う葉を一斉に開き、それぞれの葉を秋まで長持ちさせて使う。イタヤカエデは、弱い光を利用して光合成を行う陰樹である。弱い光で光合成をするので、次々に葉を出していく余裕はない。葉を途中で交換する余裕もない。早い時期に、開ける葉をすべて開いて、葉を長持ちさせて、できる限りの光合成を行おうとする戦略なのだ。逆に、強い光を利用するタイプの木（カンバ類など）は、枝が垂直に立ちあがっている傾向がある。彼らは、「順次開葉型」と呼ばれ、段階的に次々と葉を開いていく。当初開いた葉で、強い光を利用して高い光合成生産を行い、その栄養で枝を伸ばし次の葉を開いていく。強い光を利用するので葉の寿命は短いが、老化した葉を次々に落とし、新しい葉と交換する。強い光を利用できるからこそできる戦略である。彼らは陽樹と呼ばれる。

カエデ類の枝の出し方。
ひさしのように水平方向に広がった枝葉を出すことが多い。
これは、葉がお互いに重ならないようにして、
無駄をなくそうとした結果である。

弱光利用型の光合成

日当たりの悪い場所で生きるために、カエデ類は葉の構造に関しても、「無駄」をなくす方向に進化してきた。カエデ類の葉は薄い。葉が薄い理由は、コストを抑えるためである。葉は製造コスト（材料としての栄養）がかかるし、付けているだけでも維持コスト（窒素など）がかかるので、できるだ

け無駄を省いて効率よく光合成（栄養の生産）をしたい。しかし、弱い光のもとでは、分厚い葉をつけても葉の表面に近い部分までしか光が透過せず、葉の裏側に近い部分には光が届かない。つまり、光合成ができない無駄な部分ができてしまう。葉を薄くしたのは、そんな無駄な部分を切り落としたからである。

一般に、同じ木であっても、日向の葉（陽葉という）は、厚く小さくなり、日陰の葉（陰葉という）は、薄く広くなる傾向がある。また、同じ落葉樹であっても、強い光を利用する種は、葉が厚く、弱い光を利用する種は葉が薄い。葉の形が日当たりによって分かれるのは、強い光を利用するか、弱い光を利用するかの違いがあるからだ。日当たりのいい場所であれば、強い光を利用して、高い栄養の生産（光合成）を行うことができる。だが生産量を上げるには、葉の中に、働いてくれるたんぱく質などをつめこまなくてはならない。そうするとたんぱく質を作るために窒素などの貴重な養分の消費も増えるし、光合成に必要なエネルギーを得るために呼吸量が増え、栄養の消費も大きくなってしまう。生産量も大きいがコストも大きい方法だ。強い光の下では、有効な方法だが、日陰では無駄が多すぎる。日陰で弱い光を利用して生きるには、厚い葉をつけるのは無駄であり、薄い葉で十分である。

大胆なリストラ

日陰に生きる樹木にとって、コストの削減は、重要な課題である。このため、生死の境といったような厳しい条件下では、もっと激しいコスト削減を行うことがある。イタヤカエデは、暗い林内でも種子が発芽することができる。しかし、発芽した場所があまりに暗ければ、そこでほとんど大きくならないまま、時には十年以上も稚樹の状態で待たねばならない。わずか数十センチの稚樹が、樹齢一五年ということもある。

しかし、あまりに暗すぎるとイタヤカエデの稚樹とても枯れてしまう。その限界は、その光環境で光合成で作ることのできるエネルギーの量と、枝葉を維持していくのに必要なエネルギーの収支がマイナスになってしまった時、つまり赤字になった時点だ。

ところがイタヤカエデの場合、ここで大胆なリストラを行うのである。幹や枝葉を維持するのに栄養を使わなければならないので、地上の部分をいったん枯らしてしまうのだ。枯れたといっても根だけは生きている。そして根元から萌芽して、葉を出す。こうしてあらたに身軽な体になって、ほそぼそと生きていく。

日陰で生き延びる方法として埋土種子という戦略があるが、イタヤカエデは、種子があまり休眠しないタイプの樹木である。つまり、種子で環境の好転を待つのではなく、稚樹で待つのである。発芽した後に、地上部を枯らし、エネルギーの消費を減らし、明るくなるチャンスを待つのである。これも、一種の休眠に近いともいえる。

落葉樹林のチャンスを生かす

イタヤカエデは冷温帯の落葉樹林に多い。落葉樹林は、春先は明るいのが特徴であり、イタヤカエデはこのチャンスをうまく利用している。イタヤカエデの種子は、春先とても早く発芽する。低温に強いのだ。落葉樹の森は、春先にはまだ明るい。イタヤカエデの稚樹は、高木がまだ葉を開ききって

イタヤカエデの稚樹。暗さに耐える力は強いが、あまりに暗いと、根だけ残して地上部を枯らして身軽になることで生き延びる。

いない春先の二ケ月程度の短い期間に集中して光合成を行うという。落葉樹の森の中で生きることにうまく適応しているのである。

ギャップができたらどうする?

カエデ類は、長い年月をかけて亜高木層に達する。日陰に強いカエデ類にとっては、亜高木層は住み心地のよい位置なのかもしれない。しかし、何十年か何百年かを生きていく中で、頭上の木が倒れることもある。頭上があくと、今まで弱い光を利用して生きてきたのに、急に強い光が差し込むようになるわけである。陰樹と呼ばれる、日陰に強い木の中には、突然明るい環境になると、元気がなくなってしまうものもある。頭上が明るい環境になったら、日陰に適応したカエデ類は、どう反応するだろうか。カエデの仲間の中でも、頭上にギャップができた時の対応は、種によってさまざまらしい。急激な生長ができないで、一生亜高木のままのものもいれば、ギャップができると急速に大きくなってギャップを埋め、早く種子を生産、散布するものもいるという。

共存するカエデたち

カエデの仲間は種分化が進んでいてたくさんの種がある。また、イタヤカエデにも変種が多い。カエデの仲間は生活の仕方が似ている面が多いが、細かく見れば、種ごとにそれぞれ違った戦略をもっていることがうかがえる。種の多様性が維持されるためには、新種がたくさん生まれるだけでなく、その新種が既存の種と共存する必要がある。

さまざまな種が、違った生存戦略をもっていることが、種が共存できる理由のひとつである。モミジといえば、紅葉である。夏の間は緑一色であった森が、秋の深まりとともにさまざまな色のモザイク画を作り、あらためてじつにさまざまな木が生えていたのだと気づく。森の紅葉が美しいのは、いろいろな木が生えているからである。

◉木の個性と人の暮らし

イタヤカエデの材は堅い。このため、床材やボーリングのピンに使われている。また、よく粘り割れにくいためスキー板に使われていたこともあった。イタヤカエデの材は、堅く摩耗しない上に、細かく加工できる利点から、ピアノの駒やアクションにも使われている。ピアノの品質を高く保つために、腐りや曲がりがなく、年輪が均一な材を厳選して使用しているという。ピアノだけでなく楽器の音質は、材料によって極端に差が出てしまう。高いレベルの演奏は、部品の材料の高い品質によっても支えられている。

外見の特徴

樹皮は、白灰色で平滑、老木は浅く縦に裂け目が入る。

種子は、羽根のついた
風散布型の種子である。

葉は切れ込みの入った
いわゆる「カエデ」の形をなすが、
カエデの仲間ではめずらしく葉の縁は
全縁なのが特徴的である。葉は対生する。

26

シラカバ

……空を見上げる旅人

シラカバというと高原の牧場に生えているイメージがあるかもしれない。これは、シラカバが冷涼な気候を好み、かつ明るいところでよく育つからである。シラカバは代表的な先駆種である。シラカバの生き方から読み取れる、先駆種の戦略はどのようなものだろうか。

生長が速い秘訣

シラカバは先駆種である。先駆種の種子は風で散布するものが多い。シラカバは、翼のついた軽く小さい種子をたくさん作り、風に乗せて散布する。大量の種子を広く散布して、種子が明るい場所に到達する確率を高めるためだ。風に乗って散布された種子は、山火事の跡などの攪乱地に定着して大きくなる。

小さい種子は、攪乱地へ到達するには有利かもしれない。しかし一方で種子に含まれる栄養が少ないので、森の中に落下してしまった場合、実生の生存率が低くなってしまう。種子を小さくすると、実生の耐陰性、実生の生長速度、落ち葉を突き抜けて根を出す力、土中深くから発芽する力、病気に

シラカバの純林（長野県）。
林床にはミズナラの稚樹が育っている。
シラカバは先駆種であり、
やがて時間の経過とともに、
遷移の段階においてより後期の樹種に
とって代わられてしまう。

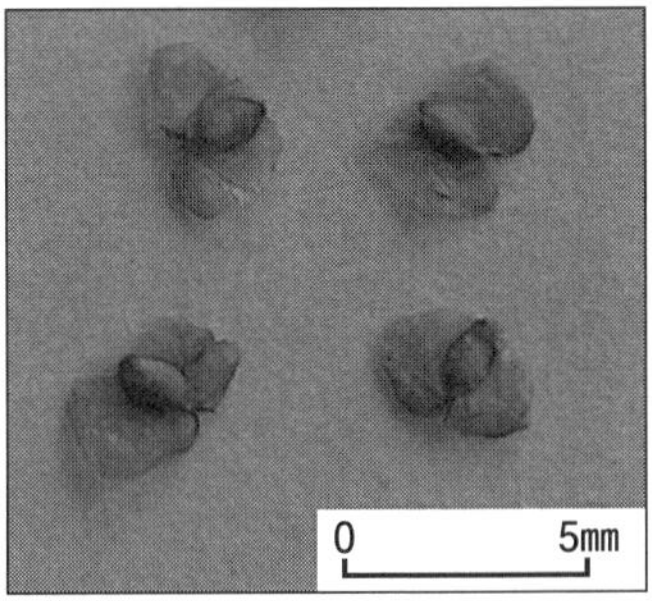

シラカバの種子。
蝶のように両側に薄い翼が付いている。
軽く小さいため、
風で遠くまで飛ばされる。
先駆種にとって種子を遠くまで
飛ばすことは重要な条件だ。
シラカバの種子は休眠能力もある。

対する抵抗力、虫や動物の食害からの再生力、などの能力が、大きな種子よりも劣ってしまうからである。しかし、運よく明るい場所に定着できれば、当初開いた葉で光合成を行い、そこで得られた栄養を投入して、次々に新しい枝と葉を作っていくことができる。このように生産と投資を繰り返すことによって、種子が小さくても迅速に大きく生長することが可能なのだ。明るい土地では強い光を利用できるので、そのような急生長が可能なのである。

放浪の一族

シラカバは、生長が速い代わりに寿命は短く、七〇年程度である。また、種子も若いうち（一〇年生程度）からつけ始める。生き急いでいる印象のある木である。シラカバという種は、攪乱地を転々と放浪する一族である。シラカバは寿命が短く、延命の手段である萌芽力もあまり強くない。速く生長して若いうちから種子を生産し、短いサイクルで世代交代を行う。これは、環境の変化の激しい場所（たとえば山火事の起こりやすい場所）に多い種によく見られる特徴である。先駆種であるシラカバの森が何百年も続くことはない。やがては、耐陰性の弱いシラカバの代わりに、ミズナラやブナの若い木が増え始め、彼らの森に変わってゆく。

山火事に適応

シラカバは、山火事の跡地に種子が散布されると、一斉に育って、しばしば純林をつくる。また、山火事が起こる前から、種子が地中で待機している場合もある。種子は休眠性をもっており、おもしろいことに地中で眠っていたシラカバの種子は、高温を合図として、一斉に目を覚まし発芽するという。高温が休眠解除の引き金になっているのだ。高温といっても七〇℃くらいである。山火事の際には地表は非常に高温になっても、地中は七〇〜八〇℃程度までしか温度が上昇しない。地中に埋まって待機できる種子はごく一部だろうが、山火事の直後にうまく発芽できれば、ほかの植生が侵入する前に、すばやく生長してその場を占有できる。小さな種子にも、山火事を利用するという知略が秘められているのである。

シラカバを見かける多様な場所

シラカバを山火事跡地や牧場以外でも、見かける場所がある。シラカバは先駆種だが、中には、森の中に点在するものもある。小さい種子なので落ち葉の厚く積もった場所は苦手だが、木が倒れて根返った場所では発芽、生長できるという。倒木の根返り部分（マウンド〔＝塚〕と呼ばれる）は、うずたかく盛り上がり、土壌が露出していて、種子が小さいシラカバでも定着できるのだ。木が倒れた後なので日も差し込む。

また、湿原が乾燥化して陸地化すると、ズミなどとともにシラカバが森を作り出す。火山が噴火して、溶岩が流れ固まった跡にも、アカマツやツツジ類などとともに、シラカバも生えてくる。しかも、土壌が貧弱な場合、先駆種であるにもかかわらずかなり長い間森を作っていることがある。シラカバがいろいろな場所にみられる理由のひとつは、湿地に強いもの、溶岩地に強いものなど、いろいろな土地条件に適した個体がいるからである。

個性豊かな子孫を望む

シラカバの花は自家不和合性が強い。別の個体どうしだけが、花粉のやりとりをして種子を作ることができる。また、世代交代のサイクルが短いということは、長い目で見ると遺伝子構造の変更を頻繁に行っているということだ。これらの性質は、子孫の遺伝子構造を多様化し、それぞれ豊かな個性を持つことを助ける。個体差の大きい種子がたくさんばらまかれるので、それぞれの個体の生育環境に対する耐性はバラエティに富んだものになる。

多様な遺伝子がもたらすもの

シラカバは百グラム当たり三四万個もの種子を生産するが、大量に散布された種子のうち、ごくごく一部しか成木にまで育つことはできない。生き残るためには「運」がいいことが第一条件だが、それぞれの個体の能力も重要だ。種子や芽生えたちは環境への耐性によってふるい分けられ、個体間の競争でも選別され、弱いものは淘汰され、勝ち残った精鋭が生き残る。その結果、環境への耐性や競争力に優れた強い遺伝子が選別されていく。

しかし、である。その精鋭たちの子孫は、親と同じ強い遺伝子をもつ個体ばかりかというとそうでもないのだ。「強い」とは、親たちの育った環境に適した、という意味である。「ある環境」において強い遺伝子は、「別の環境」では強いとは限らない。気候変動をはじめとして環境というのは常に変化しているし、樹木が分布を拡大すれば生育環境は変化する。「特定の」環境に強い個体ばかり増えると、環境が変わるとその種は絶滅しやすくなるかもしれない。もちろん、ウイルスや病原菌のような進化の速い生物にたいしても、個体の遺伝子構造は多様であるほうがよい。気候変動などの物理的な環境の変化の速度は、生物の進化よりもずっと遅いが、それでも子孫を残す上では遺伝子の多様化は効果があるだろう。シラカバは、先駆種といえども攪乱地だけで生き延びているわけではない。個性的な種子を、大量に広く散布し、さまざまな環境に適した子孫を残しているのであろう。

日光戦場ヶ原のシラカバ。
湿原が乾燥しつつあるところに侵入している。

外見の特徴

樹皮は白く、薄くはがれるのが最大の特徴。
幹には「へ」の字の形の落枝痕が目立つ。

種子が詰まっている果鱗。
熟すとばらばらになり、種子が放たれやすくなる。

葉は三角形で、側脈は５～８対。
春先の開葉は早い。

27

サワグルミ……団塊の世代

サワグルミは沢筋に、まるで人が植林したかのような整然とした純林を作る落葉樹である。彼らの繁殖の仕方はじつに興味深い。というのも人間にとっては恐ろしい災害を引き起こす土石流を利用して繁殖しているからだ。

沢に多い木

サワグルミは、「沢胡桃」と書く。しかし、胡桃といってもオニグルミと違って、その実は翼をもつ小さな種子であって人は食べられない。サワグルミの種子散布の方法は、オニグルミと違って風散布である。ただし、あまり軽くないのでたいして遠くへ飛ばない。風だけでなく、洪水でも散布されているようだ。というのもサワグルミは渓流に多い樹木だからである。

サワグルミは、冷温帯の渓谷の河原や、崖下の土砂堆積地によく見られる。このような河川沿いにできる森を渓畔林ということがある。冷温帯の渓畔林を構成する代表的な種にトチノキがあるが、こちらはどちらかというと谷の斜面に多く、サワグルミは谷底の河原に多い。

土石流の跡地を狙う

サワグルミが谷底の河原に多いのは、土石流の跡地に生えるからである。数十年から数百年に一度、山地の渓谷では大雨が降って土石流が起こる。また、崖が崩壊して崖下に土砂がたまることがある。サワグルミは、主に土石流が発生して、土砂が堆積した場所や、斜面が崩壊して崖下に土砂が堆積した場所にすばやく生えてくる。こういった場所は、新たに土地が造成された場所である。サワグルミは明るい場所を好み、生長の速い陽樹であり、このような土地は格好の定着場所なのだ。

枝から垂れ下がるサワグルミの種子。
胡桃とはいえ人は食べられない。

翼のある種子。あまり遠くへは飛ばない。
洪水で散布されることのほうが多いかもしれない。

同齢の若木たち。洪水や土石流でできた土地に、同時期に芽生えた同期生である。これからも激しい競争が待っている。

同世代の森

サワグルミは、河原や、崖下に、同じくらいの背丈の木が集まった樹林をつくることが多い。まるで人が植林したようにみえることもある。背丈が同じくらいなのは、年齢が同じだからである。このような年齢が同じ樹木の森を、一斉同齢林という。同世代が集まっているわけである。

同世代が集まっている理由は、同じ時期にその土地に芽生えたからだ。種子が芽生えることができたのは、土石流や斜面崩壊などの大きな攪乱があって、土地が新たにできたためである。人間の若い世代が新しく造成されたニュータウンに一斉に入居するのと同じように、サワグルミの実生も同じ攪乱で一斉に芽生えたのである。

同期の中の競争

最近土石流が発生した場所を見ると、同じような背丈のサワグルミの稚樹が、密生していることがある。彼らは、土石流によりいったん更地になった場所に、一斉に根付いた「同期」ということになる。ただし、同期の中でも競争によって淘汰が行われる。密生した稚樹は、日当たりや土壌養分など、ほとんど同じ条件のもとで育つが、お互いに競争しあい、やがて自然に間引かれて本数が減り、生き

まっすぐ伸びるサワグルミ。サワグルミの稚樹の生長は速い。
速く高くなろうとまっすぐに伸びようとする。
個体間の競争によって少しずつ間引かれていく。

残った樹木が大きく育っていく。

まっすぐに、高く伸びる

沢沿いに多い木は、幹がまっすぐで高くなる木が多い。沢沿いは水分条件が豊かなので、暑さや乾燥が苦手な落葉広葉樹にとっても生育に適した場所である。サワグルミの稚樹の生長は速い。五～六月に開いた葉で光合成を行って、作った栄養を使ってその後も継続的に枝を伸ばし、葉を開き続ける。まるで急成長する企業である。日当たりのよさを生かし、可能な限り、早く高くなろうとする。こうして団塊の世代は競争しながら高い木に育っていく。

渓谷の放浪種

そして数十年後、同期のサワグルミたちも大人になり、種子をつくり、風、あるいは洪水に乗せて散布する。土石流は数十年から数百年に一度、つまりそんなに頻繁には起こらない。だから一生のうちに生産するほとんどの種子は無駄になってしまう。さらに、サワグルミの寿命は一〇〇〜一五〇年なので、その期間内に土石流などの攪乱がないとまとまった子孫を残すことが難しくなる。一方、運よく土石流がやってくると、種子たちが堆積地に定着し、また一斉に芽生えていく。サワグルミは、土石流の跡地を転々と放浪している種といえよう。

純林はなぜできるのか

サワグルミの稚樹たちのように、同じ種の個体間では場所（日光）をめぐって激しい競争が繰り広げられている。しかし、種の間での競争はどうかというと、特定の樹種がひとり勝ちして、純林をつくることはあまり多くない。

もちろん、河原のサワグルミ林や、山火事跡地のシラカバ林のように遷移の初期である場合とか、河辺のヤナギ林、豪雪地のブナ林のように、育つことのできる樹種が限られる特殊な（厳しい）土地条件の場所には、純林が成立しうる。しかし、それは例外的だ。確かに土地条件の厳しい場所では、適応に成功した少数の種だけが繁栄して、他の種は淘汰されてしまう。その結果純林ができることもある。しかし、土地条件がよい場所（多くの森はそうである）では、たくさんの種が共存できている。だから純林ができないのである。

土石流後のサワグルミ林も、長い間土石流が起こらなければ、やがて、より耐陰性の高い樹種をはじめとする、さまざまな樹種に置き換わっていくのである。

外見の特徴

樹皮は縦にさける。

小葉は長さ６～13㎝。
小葉の縁には細かい鋸歯がある。
やはり沢に多いオニグルミや
シオジも複葉だが、小葉の大きさは
サワグルミのほうが一回り小さい。

葉は複葉で、複葉は互生する。

28

カツラ……長寿でチャンスをつかむ

カツラは渓谷に点在するあまり目立たない落葉樹である。大きな群落をつくらず、渓谷の谷底などに点生する。大群落をつくらない樹木は、少数派ならではの苦労もある。カツラの姿からは、苦戦しつつも独自に生き延びてきた戦略が浮かび上がってくる。

森の中では少ない

森の中を歩いていても、カツラを見かけることはあまり多くない。カツラの稚樹の耐陰性は中庸で、発芽すれば森の中で育つようだが、どうやら、渓谷以外の一般の斜面では種子による更新があまりうまくいっていないようである。その一因は、種子が小さいため定着しにくいことだ。カツラは翼のついた種子を風で散布する。その種子は非常に小さく、風に乗れば散布距離は大きい。ところが、種子から発芽した実生はサイズが小さく、特に落葉が積もった場所では、根を地中に入れることができず、死んでしまうことが多い。カツラの実生は、倒木の上や粒子の細かい土壌の上など、ごく限られた環境でしか育たないという。カツラが更新しているのは、一般の斜面よりも、むしろ渓谷だ。

渓谷のカツラの巨木。
カツラは大きな群落はつくらないが、
渓谷には巨木も見られる。
株立ちしていることも多い。

流される稚樹

冷温帯の渓谷を歩いていると、時々カツラの大木を見かける。カツラもサワグルミと同じように洪水によってできた攪乱地で更新するタイプの木である。河原には、小さな種子でも定着できる粒子の細かい土砂が堆積している。ただし、種子の小さいカツラは、サワグルミに比べて稚樹の競争力が劣る。このため、サワグルミが更新するような数十～数百年に一度起こるような大きな土石流でできた河原では、競争力の強いサワグルミやシオジに負けてしまう。この結果、カツラは、どちらかというと、もっと頻繁に起こる中小洪水によってできた谷底の河原で更新をしているようだ。

サワグルミが占拠するような土石流の堆積地は、大量の土砂がうずたかくたまった場所であり、川の水面よりかなり高い場所になっていて、小さい洪水が来ても、水につからない。次の土石流（数十～数百年後）までは、稚樹が洪水に流されることがない。しかし、カツラが更新するような狭い谷底では、頻繁に起こる中小洪水で稚樹が流されやすい。カツラは、しょっちゅう稚樹が流されるような条件の悪い場所に甘んじて、更新しているらしい。

風任せの送粉形式

カツラにとって、繁殖において不利な点はほかにもある。風媒花であることだ。カツラの花は春に咲く。めしべやおしべが垂れ下がるだけの（花びらのない）原始的な風媒花である。風まかせで花粉を運ぶ方式は、大群落においては効率的だが、個体数が少ない小群落の場合には効率が悪い送粉形式だ。

そもそも花粉をやりとりしないと種子ができないという繁殖方法（有性生殖）は、じつに面倒くさい方法である。別の個体に花粉を送らなければ子孫を残せないとなると、個体数が減少すると種の絶滅の危機に瀕することになる。タケのように根で増える、つまり無性生殖という方法で繁殖するほうがはるかに簡単で、コストのかからない、確実な方法にみえる。

カツラは中生代の白亜紀（一億年くらい前）から、たいして進化もせずに、ほとんど同じ姿で生き延びてきた希少な種であり、東アジア（中国と日本）に取り残されたように生き延びている一族である。どうやらカツラの一族はかつての繁栄からみると衰退の途上にあるらしい。

雌雄異株の問題点

大群落を作らないカツラにとって、風媒花であるという以外にも不利な点ある。

カツラは、雄株（雄花だけつく木）と、雌株（雌花だけつく木）に分かれているタイプつまり、「雌《し》雄異株《ゆういしゅ》」である。雄雌異株は、同じ木に雄花と雌花が共存しないために、自家受粉を防ぐというメリットがある。自家受粉は健全な種子がなりにくい（近交弱勢）ので樹木としてはできれば避けたい行為だ。

しかし一方で、雌雄異株は、個体数が減少してしまうと受粉効率が低下してしまう可能性がある。というのも、せっかく風にのって花粉が飛んで、別のカツラの木にたどりついても、その木が雌株（雌花をつける）とは限らない。雄株の雄花についても種子はならない。また、雄雌の比についても、雌株だけが増え過ぎても、雄株だけが増えすぎても受粉効率が悪くなるだろう。

個体数が減少してしまった場合、じつは自家受粉ができたほうが種の絶滅を逃れる可能性が高くなる場合がある。たしかに自家受粉だけに頼ってしまうと、近交弱勢という問題が生じる。しかし、絶滅の危機に瀕している際に、そんな悠長なことは言っていられない。自家受粉は、たとえ健全な種子が少なくても、とにかく一部は健全な種子ができるわけで、絶滅を防ぐための最後の手段として有効である。この点で、雌雄異株で自家受粉ができないカツラは、種の維持という点からは不利な立場に立たされている。

有性生殖の不利

カツラなどの木が、雌雄異株、つまり雄株と雌株に分かれている形式をとるのは自家受粉を防ぐためであり、自家受粉を防ぐ理由は、有性生殖を徹底するためである。なぜそこまでして、有性生殖を徹底しているのだろうか。それは、遺伝子を多様化するためである。

有性生殖は、環境が激しく変化し続ける状況下では、生物にとって有利である。遺伝子を多様化できるからだ。その変化とは気候変動などのようなゆっくりしたものよりむしろ、ウイルスなど非常に速く進化するものである。敵（ウイルスなど）の速い進化に対抗するために、生物の側もどんどん遺伝子構造を変化させようとするわけである。樹木など寿命の長い生物は、世代交代がゆっくりなので、特に有性生殖は有効なのかもしれない。おそらくは、樹木が生き延びてきた歴史の中で、有性生殖が有利に働いた場面がたくさんあったのだろう。

しかし、有性生殖には（無性生殖に比べて）欠点もある。それは、ひとつの個体だけでは繁殖できず、ある木の花粉が他の木の雌花（めしべ）に到達する必要がある（動物ならば配偶者を探さなければならない）ことである。有性生殖は、特に個体数が少ない状況下で種を維持しようとしたり、新たに分布を広げる際に不利である。絶滅しやすくなってしまうのだ。

また、花粉などのコストがかかる、とか、有性生殖は遺伝子を組み換えるので、せっかく獲得した有利な（優れた）遺伝子が失われることがある、といったデメリットもある。このため、無性生殖で繁栄している植物も少なくない。カツラも、有性生殖の不利な部分を補うかのように無性生殖も行っている。

不利を補う無性生殖

有性生殖の対極にある生殖方法が、無性生殖である。樹木の無性生殖はおもに、生殖器官である花以外の器官が分化して繁殖する方法で、萌芽、むかご、地下茎などがある。無性生殖は、有性生殖と違って、一個体だけで可能な生殖方法である。

根元から出ている萌芽枝。
カツラは萌芽枝によって主幹を再生させながら、
500 年以上も生きることがある。
萌芽は同じ個体の延命行為とも見えるが、
見方を変えると、クローンの子孫を生み続ける
無性性殖であるともいえる。
すべては自らの遺伝子を絶えさせないためである。

カツラが行う無性生殖とは、萌芽による更新である。カツラは、太い幹が根元から枝分かれ（株立ち）しているりっぱな姿をよく見かける。このような樹形は、何本かの萌芽枝が生長した結果だ。また、カツラの萌芽は、主幹が損傷を受けていなくても、ふだんから根元に多くの萌芽枝を出している。カツラは長寿であり、萌芽枝によって、主幹を交代させながら、個体によっては五〇〇年以上も生きるという。萌芽は、同じ個体が再生しながら寿命を延ばしていると見ることもできるが、見方を変えると、萌芽枝という子孫を新たに生み続けることによって、自らの遺伝子を継承しているという見方もできる。萌芽による更新（あるいは延命）がうまくいけば、長い年月にわたって種子を散布し続けることができ、種子による更新のチャンスも増えるだろう。カツラが絶滅せずに生き残っているのは、この強い萌芽による更新に負うところが大きい。カツラは、有性生殖の形を守りつつも、その不利を無性生殖によって補ってきたのかもしれない。

外見の特徴

葉の形は円に近いハート型であることが
最大の特徴。葉の長さは４～8㎝。
葉は対生で、縁には波状の鋸歯がある。

樹皮は縦によく裂ける。

◉木の個性と人の暮らし

カツラの名の由来は「香《か》出《づ》」（らは添え字）である。秋に黄色く色づいた葉が、甘い香りを強く放つためだ。その香りは、砂糖を熱して作るカラメル、あるいはわたがしの香りに似ている。香りの主成分はカラメルのそれと同じマルトールであり、カツラの葉が黄葉して乾燥するときに生成するといわれる。かつては、葉を乾燥させ、粉にして抹香としても用いた。このことから「香《こう》の木《き》」という別名もある。

第4章
亜高山帯・高山帯

29

シラビソ……………圧倒する数の力

シラビソは、コメツガと並んで、日本特産の常緑針葉樹であり、亜高山帯の代表樹種だ。シラビソもコメツガも、極相の森を作る。大きな極相の森を作ることができる理由は、ひとつには更新が成功しているからだ。

寒冷地の多数派

日本アルプスや八ヶ岳などの上部には、針葉樹の森が広がっている。そこは亜高山帯（亜寒帯）と呼ばれる寒冷な地だ。亜高山帯に見られる針葉樹の代表は、本州ではシラビソやコメツガである。彼らは、寒さに対する強さ、乾燥や貧土壌に対する強さ、耐陰性の強さ、といった点において、他の多くの木よりも優れている。

寒さに耐えるメカニズム

亜高山の針葉樹は、冬芽や葉の細胞内の水分が凍結するのを防ぐ能力が高い。細胞内の水分が凍結すると、割れたガラスのように細胞を傷つけてしまう。このため、細胞液の中の糖の量を増やして氷点（凝固点）を下げたり、細胞内から水（つまり氷の原料）を追い出したりすることによって、細胞内が凍るのを防いでいる。シラビソの葉は、マイナス七〇度まで凍結に耐えるという。

針葉樹は樹木の中では古くからあるグループである。彼らは、後から進化した広葉樹に駆逐されたり、その後やってきた第三紀や第四紀と呼ばれる寒冷で乾燥した時代に対処できず、多くが絶滅してしまったが、その一部の、寒くて乾燥した気候に適応し、分化した新しい種が生き残った。これがコメツガやシラビソの祖先である。針葉樹は、進化の上では原始的といわれるが、その一部は、寒さに対してうまく適応してきたのだ。

パイプにも秘密あり

凍結は別な問題も引き起こす。寒くなると、樹木の幹の中にある水を吸い上げるパイプの水が凍るのだが、水には空気が混じっていて、春になってパイプ内の氷が融ける時に、気泡が発生する。そうなると、気泡によってパイプ内の水柱が切れてしまって、根から水を吸い上げられなくなってしまう。水はつながっていないと移動しないのである。ほとんどの広葉樹は、道管という独立したパイプの形をとっているが、針葉樹は、パイプが独立しておらず、ごく細いパイプが寄せ集まったもの（仮道管という）の中を吸い上がる。パイプはいたるところ行き止まりになっていて、水はパイプの壁に空いた小さな穴（ふたの付いているバルブのようなもの）を通って隣のパイプへと移動しながら上昇する。仮道管は、行き止まりの部分に気泡がとどまってくれるため、吸いあがる水に空気が混入しにくい構造になっているのだ。これも針葉樹が寒冷地で強い理由のひとつである。

強い耐陰性

コメツガもそうだが、シラビソ林の林床には、稚樹を見かけることが多い。シラビソの稚樹は耐陰性が強いためだ。シラビソの稚樹は、暗い林内ではほとんど生長せず、待機している。シラビソの寿命は一〇〇〜一五〇年程度と意外に短い。稚樹たちは、頭上の高木が倒れるのをじっと待っているのだ。ふつう樹木は暗い林内で待てる年数には限度があり、それを超えると枯れてしまう。シラビソの

針葉樹の幹のパイプ(仮道管)の構造

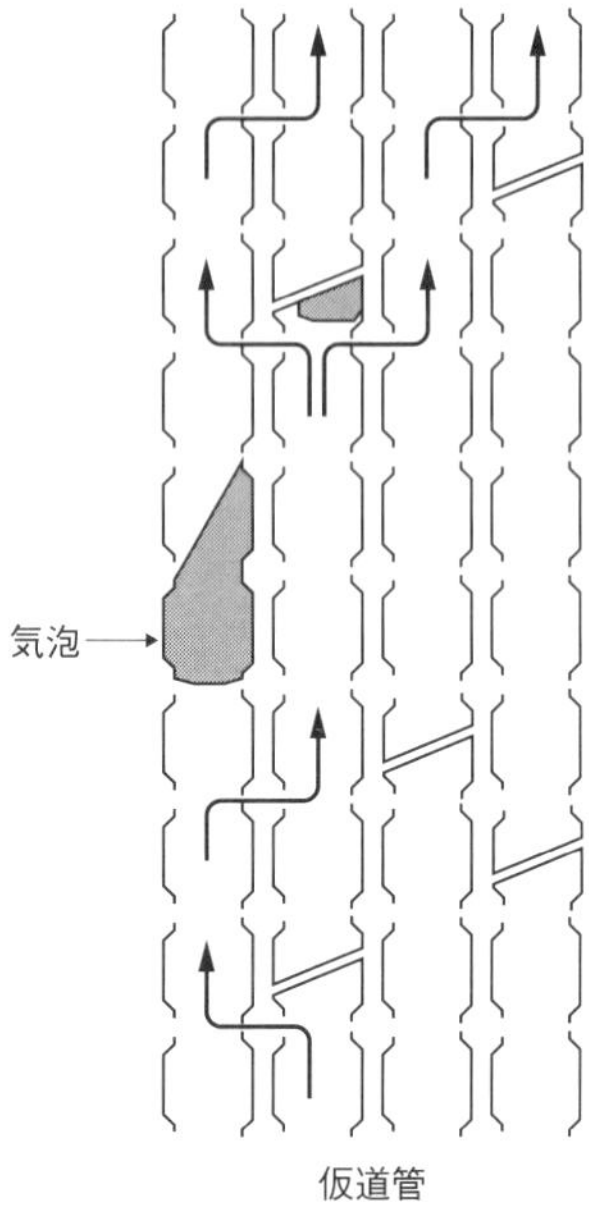

針葉樹の幹のパイプ（仮道管）の構造。
鈴木英二著『植物はなぜ5000年も生きるのか』（講談社）p184を参考に作図。
矢印は水が上昇するルートである。
パイプはあちこちが行き止まりになっており、
水はパイプの壁の穴を通って隣のパイプへと
移動しながら吸いあがっていく。
仮道管では、行き止まりの部分に
気泡が溜まってくれるので、
上昇する水の柱に空気が混入しにくい。

場合、その待てる時間は数十年に及ぶという。つまり、高さ数十センチの稚樹の樹齢が数十年ということもありうるのだ。

シラビソの稚樹が見せる傘型の樹形。暗い林内では、光を無駄にしないように、葉が重ならない傘のような樹形となる。

日陰に耐える樹形

暗い場所では、シラビソの稚樹は、傘を開いたような樹形をとる。傘のような形をしているのは、自分の葉がお互いに重ならないように配置して、なるべくたくさんの光を受けるためである。この姿でじっと上の木が倒れるのを待っているわけである。ただし、待つ年数があまり長くなると、上木が倒れて強い光を浴びても生長できなくなるらしい。

また、成木は、陽光の下で大きく生長するが、弱い光を利用するのも上手だ。円錐形の樹形は、横からやってくる散乱光をとらえるのに向いているし、針のような葉はどこから光がやってきてもうまく利用することができる。このような樹形や葉の形は、彼らの祖先が高緯度地方にいた時、横から日光が射す環境に適応したもののようである。

極相種となる

シラビソのように耐陰性が強い種は、いわゆる極相種となる。極相とは、優占種が、他の種に侵入されることなく、安定して世代交代を行う状態である。シラビソ林の姿は、多様性の大きい温帯の森に比べると異様である。そこは、ほとんど同一の種（シラビソ）しかない単純で多様性の低い森である。林床にはシラビソの実生と稚樹が待機している。累々と横たわる倒木も、もちろんシラビソである。まさに安定して世代交代を行っているのである。

一方、ヒラビソの実生や稚樹が待機していない場所で高木が倒れると、陽樹のダケカンバの侵入を許すことになる。明る過ぎる場所では、シラビソの種子は発芽できないという。シラビソは陰樹であり、極相種なのである。

大群落の有利さ

シラビソは大群落を作る。大群落をつくることができる理由は、寒い土地では、競争相手が少ないからである。そして、もうひとつの理由は耐陰性が強いためだ。

シラビソは、他の多くの針葉樹と同様に花粉を風で飛ばす。風まかせで花粉をばらまくタイプの樹木は、小群落や点生をなしている場合、花粉の多くが無駄になってしまう。つまり、小群落では繁殖に不利である。しかし、ひとたび大群落をつくってしまえば、花粉は周辺の同種の樹木に達する確率が高くなる。大群落は、その集団の維持に有利に働くのである。

シラビソの更新には、大群落ならではの特有の方法が見られる。樹木の更新の方法には、小さなギャップを利用するタイプと、大きなギャップを利用するタイプがある。シラビソの更新は小さなギャップでも行われるが、主に大きなギャップで行われることが特徴だ。これは、大規模更新といわれるもので、たとえば、「縞枯れ現象」といわれる現象は、風当たりの強い斜面で、シラビソが縞状に枯れるものである。枯れた場所には、待機していた実生や稚樹たちが一斉に育っていく。枯れる帯状の場所にシラビソが育ち、樹林が回復するのと同時に、今度はその上側の森の縁が枯れていく。こうして、縞枯れの縞は、年間一メートル程度のゆっくりした速度で斜面を上に移動していく。まるで野球場の観客席でやっているマスゲームを思わせるような姿である。シラビソは団体行動が似合う木である。

一斉に更新する若木

亜高山のシラビソ林には、しばしば、細いシラビソが密生している若い森が見られる。ただし、年齢は必ずしも同じとは限らない。

暗い林内で長い年月待機していたものもあれば、ほとんど待たずに生長するチャンスに巡り合った運のよいものもいるからである。その後、彼らは、少しずつ競争で淘汰されていくのだが、亜高木までは、細い木が密生する景観を見せる。競争に遅れた個体は枯れるか、稚樹のまま次の機会（攪乱）を待つことになる。

縞枯れ現象（北八ヶ岳の縞枯山）。
風あたりの強い斜面で、
シラビソが縞状に枯れている。
枯れたあとは、
若いシラビソが一斉に育っていく。
枯れる帯状の場所（縞枯れの縞）は、
年間１ｍ程度のゆっくりした速度で
斜面を上に移動していく。

林床に密生する稚樹。
シラビソの稚樹の耐陰性は強い。
稚樹は暗い林内で
数十年も待てるという。

縞枯れの跡地にひしめく稚樹。
激しい競争を勝ち抜いて、若い世代が縞枯れの縞を修復していく。

生長を優先する

シラビソの種子は、翼のある種子だ。細長い松ぼっくりから放たれ、風に乗って散布される。シラビソは、風が非常に強い場所では、大きくなることができず、若いうちから種子をつける。しかし、一般の森の中では種子の初産齢が五〇年とかなり高い。五〇年間は栄養を幹の生長に投資して十分に大きくなり、その後種子をつけ始める。つまり、森の中では、早く種子をつけるよりもまず大きくなることを優先しているわけだ。

シラビソ繁栄の歴史

シラビソやコメツガは、ずっと昔から亜高山帯で優占していたわけではない。どうやら現在みられるようなシラビソなどが優占する亜高山針葉樹林がつくられたのは、たった数千年前以降のことらしい。最終氷期といわれる寒冷な時代（約二万年前）は、現在より気温が約七℃も低かったため、森林限界は現在よりも一〇〇〇メートル程度低く、現在の亜高山針葉樹林の下限の位置にあった。森林限界より上は「高山ツンドラ」といわれる植生のほとんどない荒地や低木林が広がっていた。森林限界の下では、トウヒの仲間やカラマツあるいは、チョウセンゴヨウなどの針葉樹が繁栄していた。一方、シラビソやコメツガも混じっていたが、それほどメジャーな存在ではなかった。ところが、約一万年前の後氷期といわれる暖かい時代になると、太平洋側の山岳では、それまで繁栄していたトウヒやカラマツが衰退し、氷河期にはマイナーな存在だったシラビソやコメツガが、山岳上部の植生の空白地帯へと拡大していって、現在の亜高山針葉樹林を作った。トウヒやカラマツも絶滅したわけではなかったが、競争ではシラビソやコメツガに負けてしまった。トウヒやカラマツよりもシラビソやコメツガのほうが、耐陰性が強いことが、後氷期の競争に打ち勝った理由のひとつだろう。

外見の特徴

樹皮は灰色で、コメツガのように割れ目が入らず、
平滑であるのが特徴。脂袋といわれる横長のふくらみがある。
球果は長さ5㎝程度の楕円形で青紫色である。

葉の形は扁平な針形で、先端は丸いが、少しくぼむ。
長さはコメツガのようにばらつかず、そろっている。

◉木の個性と人の暮らし

南アルプスの南部には荒川岳や赤石岳といった三〇〇〇メートル級の山が連なっているが、これらの山に登山する際は、静岡県側から大井川に沿って入山するのが一般的だ。登山基地の椹島までは、深い山の中を長い時間バスに揺られていかねばならない。しかし、バスが通っていて、宿泊施設もあるのは、そこが製紙会社の土地だからである。畑薙ダムより上流側の大井川の上流域は、製紙会社の広大な社有林である。大井川から南アルプスの三〇〇〇メートルの稜線に至るまですべて社有林に含まれ、一団地の社有林としては日本最大の広さをもつという。大井川流域には広大なシラビソ林が広がっている。シラビソはパルプの原料になる。シラビソ林は単調で、ほかの木があまり混じらないため、選別の手間がかからない。稜線までの登山ルートの多くはシラビソなどの針葉樹の森を登って行く。針葉樹は樹脂を分泌しやすく、独特のよい香りを発する。この香気を吸い込んだ時、登山者ははるばる深山に来たことを知る。しかし、そこも全くの手つかずの原生林ではなく、一定の人の手が加わった森なのだ。

30

オオシラビソ……逆転の方程式

オオシラビソは東北地方に多い針葉樹である。
東北地方では、樹氷で有名な蔵王山や
青森県の八甲田山でみられるオオシラビソ林が有名だ。
オオシラビソとシラビソは、外見がよく似るが、
両者の分布はかなり異なる。

なぜ多雪地に分布しているのか

本州の亜高山針葉樹林帯では、積雪の少ない太平洋側山地でコメツガ、シラビソが優勢だが、雪の多い日本海側山地ではオオシラビソが多い。ただし、東北地方や上越地方の日本海側の豪雪地では、オオシラビソですら欠如することが多い。これはあまりに積雪が大きすぎるからだ。オオシラビソが多雪地に分布する理由については、まだ未解明の部分が多い。しかし、ほかの針葉樹に比べて、いくつかの有利な能力をもっている。まず、雪圧に対する耐性だ。雪の圧力で枝が折れたオオシラビソの姿は普通にみかけるが、それでもほかの樹種に比べると、オオシラビソの枝や幹は雪の重みに強く折れにくいようだ。東北地方での調査では、オオシラビソは四・五メートル程度の積雪地まで分布でき

るが、コメツガは一・五メートルを超える積雪地では分布できないという。

　次に、雪解け水に対する耐性である。春先に雪が解けると、恒常的に雪解け水が林床を流れる湿った環境になる。豊富な水は稚樹の生長にとってありがたい存在だが、長く浸かっていると酸素が不足するなど不都合が生じる。しかし、オオシラビソの稚樹は、雪解けの多湿環境に強いという。また、雪の多い地方には、気温〇℃という低温下でも活動し、雪の下の植物に感染し枯死させてしまう病原菌「雪腐れ病菌」がいるが、この菌に対してオオシラビソの稚樹は強い抵抗力を持っている。

オオシラビソの純林（宮城蔵王）。
比較的傾斜が緩く、多雪な地域にオオシラビソは分布する。
その分布は雪によって強く影響を受けている。

複雑な要因

　オオシラビソが多雪地に分布するのは、これらの理由だけでなく、ほかにもさまざまな理由があるようだ。雪の多い場所では、雪に埋もれて光合成ができない期間が長く、生育期間が短くなってしまう。また、雪面を反射する強い光は葉を傷つける。このような悪条件に耐える力があることもその理由のひとつである。

　なお、オオシラビソとシラビソは八ヶ岳などで混生している場所もあり、両者の住み分けは、単に雪だけが理由ではなく、両者の耐陰性、生長速度の違いのほか、風、土壌養分、土壌水分、土壌の菌類などに対する適性の違いも原因である可能性がある。つまり、複雑な要因が絡み合って起こっているようだ。両者（シラビソとオオシラビソ）は、外見はよく似ているが、遺伝的には遠い関係（遠縁）であり、性質もかなり違うのだろう。

緩傾斜に助けられる

ただし、雪に強いオオシラビソも傾斜が急な土地では苦戦している。雪山の急な斜面では、雪の重みで根元がJの字の形に曲った樹木の姿を見ることができる。傾斜が極端に急な場合、幹が斜面に這うような形になる。平地と違って山の斜面では、厚く積った雪が圧力で固まりつつ斜面をゆっくりと移動して、横から大きな圧力を樹木に与える。この雪の重み（「積雪グライド」という）がオオシラビソの生育を制限しているのだ。加えて、傾斜が急だと急激に積雪が移動する「雪崩」の被害も大きい。多雪地でオオシラビソが生育できるためには、斜面の傾斜がある程度「緩く」なければならない。

東北地方の山の中には、急な山と緩やかな山がある。急峻な朝日山地や飯豊連峰は、オオシラビソの拡大には不利だったらしく、その分布は少ない。そこには、偽高山帯という低木やササの原野が広がっている。一方、八幡平、八甲田山などは火山性の比較的緩やかな山であり、そこにはオオシラビソの森が広がっている。オオシラビソにとっては、緩やかな山があったことは幸運であったといえる。

逆転の歴史

オオシラビソの森は、大昔からあったように見えるが、じつはオオシラビソが広がったのは、ごく最近のことらしい。最終氷期（ピークは約二万年前）の日本は寒冷でかつ乾燥した気候であった。この時期は、寒冷かつ乾燥した気候に適したトウヒやカラマツが全盛の時代であって、オオシラビソはごくマイナーな樹種にすぎなかった。オオシラビソは乾燥が苦手だったらしい。彼らは小さな集団をつくって、細々と生き延びていた。その後の一万年前くらいから温暖化がすすみ、積雪量の増加によって、多雪地では、氷河期に繁栄していた多くの針葉樹が壊滅的な打撃を受けた。雪圧に耐えられなかったようだ。

針葉樹が消滅した跡地には、かなり広い範囲（現在の冷温帯の落葉広葉樹林帯から偽高山帯にかけて）に、低木林（ミヤマナラやハイマツ）やササ原が形成された。その後、低木林やササ原を埋めるように、生き残っていたいくつかの樹種が、分布を拡大し始め、陣取り合戦を始めた。その中でも、雪に強いオオシラビソが特に広がっていったのである。

じつは、オオシラビソの森が成立したのは、最近のことである。八甲田山などでは、六〇〇〇年前になってようやく針葉樹林が形成されたという。見方を変えると、現在もオオシラビソは分布拡大の過程にあるといってもよい。

現在中部〜東北各地に見られるオオシラビソのルーツは、かって中部山岳にあった小集団であるという。オオシラビソが現在拡大できたのは、小さいながらも集団が残存していたからである。生き残っていれば、環境変化がマイナーな種にも拡大のチャンスを与えるのだ。

気候変動と種の移動

気候変動は、気温だけでなく、降水量、積雪量、風、土砂の浸食量などさまざまな環境要素も変化させる。一八〇万年前から現在までの第四紀と呼ばれる時代は、周期的に気候が変動してきた時代であった。何千年~何十万年という長い目で見れば、地球上の樹木にとって、生育適地は不適地になることもあったし、不適地が適地になることもあったし、その繰り返しだった。それぞれの樹種は、世代をまたいで「移動」することによって、絶滅を避けようとしてきた。

地球の植生分布の歴史を早送りでみれば、気候の変動にともなって、いろいろな樹種が、北（あるいは高標高地）へ行ったり、南（あるいは低標高地）へ行ったり、右往左往している姿が見られるだろう。

気候変動と種の多様化

気候変動や火山活動などの環境の変化は、種の分化を促すが、一方で、樹木が対応できないほど、急なあるいは激しい環境の変化がおこると、多くの種が絶滅し、多様性が減少してしまう。ヨーロッパの森林の種の多様性が低いのは、氷河期に氷河に覆われて多くの種が絶滅してしまったからだという。氷河に覆われないまでも、激しい気候変動が起きた場合、気候変動の速さに樹木の適応進化が追い付かず、多くの種が絶滅する。

しかし、日本では絶滅した種も多いが、多様な種が残った。これは氷河に覆われなかったこともあるが、南北に細長い山国であって、緯度的・高度的に幅があり、地形、地質の分布が複雑なので、樹

地球の周期的な気温の変動（過去80万年間）

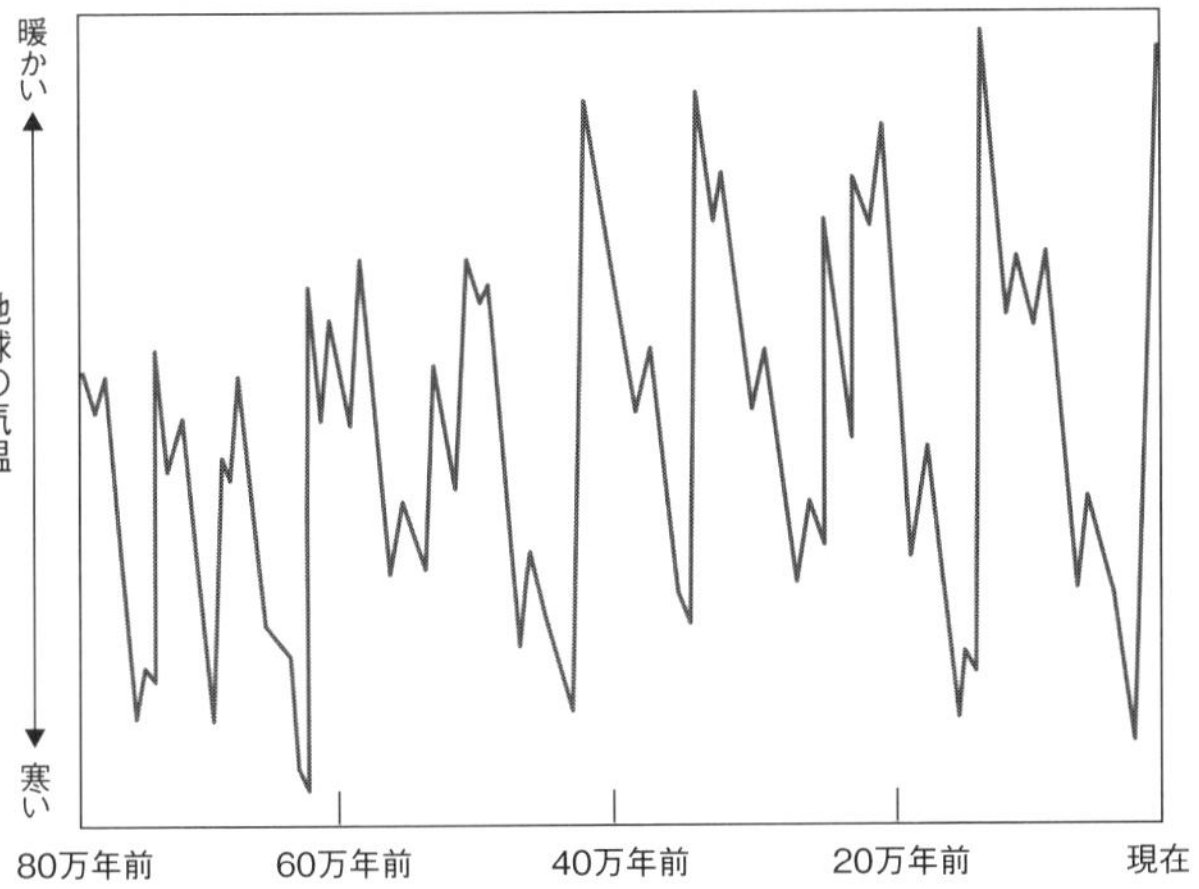

地球の周期的な気温の変動（過去 80 万年間）。約 10 万年おきに地球の気温は暖かくなったり寒くなったりしてきた。このような気候変動に応じて、樹木は種子を散布し世代をまたぎながら、北（あるいは高標高地）へ移動したり、南（あるいは低標高地）へ逃げることによって種として生き延びてきた。もちろん気候の変化のスピードに追い付けずに絶滅した樹種もある。
(出典:リチャード・B・アレイ著『氷に刻まれた地球　11 万年の記憶』〔ソニーマガジンズ〕)

木にとって「逃げられる場所」があったからだ。

変化した環境に適応する時間がなくても、移動したり避難して生き延びたのである。

たとえ小規模な集団であっても、生き残ってさえいれば、環境が好転したときに、再び拡大するチャンスがある。環境は必ず変わるのである。

環境が常に変わるということ、土地条件が複雑であること、樹木の戦略が多様であること、これらが相まって、種の多様性を維持してきたのだろう。

外見の特徴

球果（松ぼっくり）は楕円形で
長さ５～10㎝と大型。青紫色になる。

オオシラビソは、葉も幹も
シラビソによく似ているのだが、
枝が見えないほど葉が
密に茂る点が異なる。

樹形は円錐形だが、風や雪で
痛々しい樹形となっていることが多い。

樹皮はシラビソに似ている。

31

ヒメコマツ……氷河期の落人

人の世は、諸業無常といわれるが、自然環境も常に変化しつづけている。とくに気候の変動は樹木の消長に大きく影響を与えてきた。ヒメコマツの分布からは、揺れ動く時代にほんろうされてきた樹木の姿が垣間見える。

五葉の松

ヒメコマツは、五本の針葉がワンセットで束になっている五葉松の一種である。東北地方から九州にかけての冷温帯や亜高山帯（亜寒帯）に分布する。日本の五葉マツとしては、ヒメコマツの変種であるキタゴヨウがある。ヒメコマツの分布が主に西日本にあるのに対して、キタゴヨウは北海道から中部地方にかけて、つまり北方に分布の中心がある。

やはり、五葉松の一種であるチョウセンゴヨウは、かつて氷河期には本州で優占していたが、後氷期には縮小して現在では中部山岳などに点在するにすぎない。しかもその分布は土壌の少ない岩の露出した場所に集中し、つまり生育環境の悪い場所に追いやられている状態である。

ヒメコマツの葉。ヒメコマツは別名ゴヨウマツといわれるように、
5本の針葉がワンセットで束になっている「五葉マツ」の一種である。
ヒメコマツは西日本に多いが、ヒメコマツの変種のキタゴヨウは北日本に多い。
また、やはり五葉マツの仲間であるハイマツは高山帯に分布する。

房総半島のヒメコマツ

千葉県の房総半島には決して高い山はない。せいぜい標高は四〇〇メートル程度であり、現在の気候は暖温帯（常緑広葉樹の生育に適した気候）に属している。

しかし、この房総半島には、冷涼な場所に見られるはずのヒメコマツが小規模ながら分布しているのである。なぜだろうか。

このヒメコマツは寒冷だった最終氷期の遺物（「遺存植物」という）であると考えられている。最終氷期には房総半島は、冷涼な気候（現在の冷温帯に相当する）であった。その当時ヒメコマツは房総半島でも広く分布していたようだ。

追い出された低山のヒメコマツ

ところが、その後やってきた温暖期に、ヒメコマツは、多くの場所で山から「追い出され」てしまったのである。後氷期に入って地球の気温は上昇し、今から約七〇〇〇年前（縄文時代）には、ヒプシサーマル期と呼ばれる温暖期に達した。この時期は、現在より気温が二～三度高かったという。オオシラビソ、シラビソ、コメツガなど亜高山性の針葉樹は、この縄文時代の温暖期に至る過程で低い山では消滅してしまった。気温の上昇で生育が不良になったり、強い競争力をもつ落葉樹に駆逐されて、山頂から「追い出され」てしまったのである。標高が一八〇〇メートル程度の九州の山には、亜高山針葉樹林は存在しないのも温暖期に追い出されたためだ。一方、高い山（本州中部ではおよそ標高一七〇〇メートル以上）は、より高く涼しい山頂方向に逃げられた。針葉樹が生き延びた高い山では、その後気候がやや涼しくなってから、少し低い標高の位置にまで戻ったからということらしい。ヒメコマツも同様に温暖化の影響を受けた。ヒメコマツは、オオシラビソなどよりやや標高の低い場所に分布するが、それでも暖温帯に含まれるような低山では「追い出し現象」によって消滅していったのである。

劣悪な環境に生き延びる

房総半島は、標高四〇〇メートル程度の丘陵しかない。そのため、ヒメコマツは温暖化が起こっても、高い場所に逃げることができなかった。その際に、丘陵の山頂に追いつめられ、やがて「追い出し現象」によって多くが消滅した。ところが、一部のヒメコマツは生き延びた。それは、他の樹木が生育しづらい崩壊地（崖）や尾根に生育できたからである。崩壊地や尾根は、岩盤が露出して土壌が少なかったり、地下水がより低い場所に流出しやすく、土壌水分が不足しやすい。多くの樹木にとって厳しい環境である。一般に、落葉樹よりも競争力が弱い針葉樹は、こういう乾燥しやすい場所によく分布する傾向があるが、ヒメコマツもこのように他の種が生育しにくい劣悪な環境に耐えることによって生き残ったのである。

個体差の効用

また、生き残ったヒメコマツの個体は、環境の変化に強かったのかもしれない。生物の歴史は、どんなに激しい環境変化がおきても、わずかながらも生き残る個体がありうることを示している。有性生殖は、個体によって遺伝子構造が違うこと、つまり個体差を作り出す。寒さに強いもの、暑さに強いもの、乾燥に強いもの、湿地に強いもの、というように個体の性質に多様性があれば、環境が変わっても、一部の個体が生き残る可能性が残されるだろう。

自殖による衰退

ただし、こういった局所的に生き残った種（遺存種）には、特有の問題も生じるのである。特有の問題とは、局所的に取り残された種には、「他殖」が難しいという問題だ。他殖とは、「他家受粉」つまり、自分とは別の木の花粉を受粉して種子を作ることだ。健康な種子は、他殖によって作られる。これに対して、「自殖」とは、「自家受粉」つまり、同一の個体の中で花粉をやりとりして種子をつくることである。自殖によって作られた種子は健康に育つことが難しいことが多い。

房総のヒメコマツにもその問題が生じている。房総のヒメコマツは、一九七〇年代から日照りや、マツノザイセンチュウ病、盆栽用としての稚樹の採取、などにより急激に減少してきた。そして、個体の多くが孤立化していて、他個体の花粉が供給されにくくなっている。このためほとんどの種子が自殖によるもので、その結果、元気に育たなくなっているのだ。もはや局所的な絶滅寸前といってよい。中部山岳に点在するチョウセンゴヨウも氷河期の遺存種であるが、やはり個体数が減少して自殖が増加することによって更新が難しくなりつつあるという。

追い出されるだけでなく拡大もする

気候の温暖化によって、種の分布域の南限や山の下限の個体は消滅してゆくが、樹木は絶滅の危機を手をこまねいて眺めているだけではない。分布域の北限や山の上限では、新たな土地に分布域を広げようとするのである。ヒメコマツは西日本を中心として分布するが、北海道〜中部地方にはヒメコマツの変種であるキタゴヨウが分布する。両者は交配が可能であるが、葉の大きさや種子の形がわずかに異なっている。そもそもキタゴヨウはヒメコマツから派生した変種であり、その分化はヒメコマツの「北上」の途上で起こったものだという。

かつて、ヒメコマツが日本列島を北へ拡大していく際に、中部山岳にぶつかり、中部山岳を登って行ったグループと、中部山岳を迂回するグループとに分かれた。キタゴヨウは、中部山岳を登った集団であり、さらに北進していったのだという。

雑種で絶滅を避ける

種は分化する方向へ向かう一方で、雑種が生まれることによって新種が作られることもある。たとえば、ヒメコマツの変種であるキタゴヨウと、高山帯に分布するハイマツの間には雑種（ハッコウダゴヨウ）も生まれている。キタゴヨウもハイマツも同じ五葉松の仲間である。通常は異なった樹種の間では種子（雑種）はできにくいが、分布を拡大する過程で出会った近縁の二種が、雑種を作ることもある。そして、もし生まれた雑種が健全に育ち、繁殖していけば、親の遺伝子の一部は受け継がれる。樹木に限らず生物は、なんとかして自らの遺伝子を残そうと行動しているのだろう。

外見の特徴

樹皮は、赤褐色で、浅い割れ目が入り、はがれる。

葉は細い五本の針葉が束になっている。
球果は長さ 4㎝程度。
北日本に多い変種のキタゴヨウは、
ヒメコマツよりも葉がやや大きく、
種子についた翼もより長い。

32

カラマツ……………荒れ地に輝く

カラマツは高原でよく見かける木であるが、そのほとんどは植林されたものである。野生のカラマツは、非常に先駆的な性格をもっている。彼らは、どこからやってきて、どのように生き延び、どこへ行くのだろうか。

針葉樹では唯一の落葉樹

カラマツはカラマツ属の一種である。日本特産種で、しかも関東地方や中部地方など限られた地域にしか分布しない。

カラマツが特徴的なのは、落葉樹であることだ。亜高山の針葉樹のほとんどは常緑樹である。しかし、カラマツは、日本に自生する針葉樹としては唯一落葉する。春には明るい若葉が開いて萌え、秋には黄色く色づいて、やがて雪のように舞い落ちる。長野県や山梨県には、カラマツの植林地が多いが、秋には、山が黄色く染まって美しい。

高緯度地方で得た落葉性

ほとんどの針葉樹が常緑なのに、カラマツはなぜ落葉なのだろうか。カラマツは日本の特産種であるが、その仲間のカラマツ属はシベリアなど極北の地に分布している。カラマツが落葉するのは、高緯度地方で獲得した性格のようだ。高緯度地方は、冬の日長（昼間の長さ）が極端に短いため、冬にはほとんど光合成ができない。落葉は、この暗い冬に対する適応らしい。

落葉樹が生きていくためには、葉をつけている短い夏の間に十分な光合成をしなくてはならない。シベリアでそれが可能なのは不思議な気もするが、高緯度といっても夏の間は光合成に必要な気温が確保できるし、なによりも高緯度であるため夏の間は日が長い。日が長いとその分たくさん光合成ができるわけで、樹木の生長にとって有利な面もあるのである。

氷河期の遺存種

日本のカラマツはカラマツ属の分布の南端に位置する。カラマツ属は、おそらく極北の地で落葉性を獲得し、日本列島へも南下し、そこで日本のカラマツが新種として生まれたのだろう。

カラマツは、寒冷で乾燥した最終氷期にはかなり繁栄していたようである。現在、カラマツと、チョウセンゴヨウと、ミズナラの混交林が、中部山岳にわずかに見られる。この混交林は氷河期の日本に広く分布していた森林タイプであったという。しかし、その後の気候の温暖化と、湿潤化にともなってその分布を縮小し、現在は中部山岳のごく一部に限定的に残るだけとなってしまった。おそらくは、これらの樹木は温暖化により生長が不良になったり、耐陰性の強いシラビソやオオシラビソ、コメ

カラマツの大木。カラマツは乾燥地ややせ地でも育つが、日陰には弱い。カラマツは、最終氷期には
かなり繁栄していたようだが、その後の温暖化と、
湿潤化とともに、分布を縮小していったようだ。
つまり、氷河期の遺存種といってもいいかもしれない。

ツガなどに駆逐されてしまったのだろう。つまり、天然のカラマツは、氷河期の遺存種といってもいいかもしれない。

　カラマツの他に、氷期の遺存種としてトウヒの仲間のバラモミ類（イラモミ・ヒメバラモミ・ヤツガタケトウヒ）がある。彼らは、ごく最近（後氷期）に分化したものらしい。最終氷期に広く分布していた彼らの共通の祖先が後氷期に縮小し、隔離により山岳ごとに分化したようだ。カラマツも地域集団間で、分化が進みつつあるという。

常緑樹と落葉樹の共存

　亜高山を代表するシラビソやコメツガは常緑樹である。寒冷な場所では、落葉樹と常緑樹のどちらが有利なのだろうか。落葉樹が行える光合成の期間は短いが、明るい環境で高い光合成をする能力のある葉をつければ、短期間でも十分な光合成を行える。強い光を利用する葉は寿命が短くなるが、秋には落葉してしまえばよい。落葉樹であれば、冬の寒さによる葉のダメージの心配はないし、葉の耐久性を高めるためのコストもあまり必要なくなる。

一方常緑樹は、夏の間の光合成能力をそれほど高くできないが、春先から秋までかなり長い間光合成をすることができる。また、葉を丈夫にして同じ葉を何年も使うことができるため、毎年新たに作る葉（新葉）の数を減らし、コストを少なく抑えることができる。このため、生きるために必要な光合成生産を確保できるのである。カラマツが半年で葉を落とすのに対して、シラビソの葉の寿命は五年から一〇年におよぶという。寒冷な場所であっても、十分な耐凍性を備え、必要な光合成生産ができれば、落葉樹でも常緑樹でも生育できるのである。

第一級の陽樹

カラマツはどこにでも生えているように思えるが、そのほとんどが植林されたものであって、自然のものはごく限られた場所にしかない。というのもカラマツは第一級の陽樹なので、明るく開かれた荒野のような場所で主に育つ先駆種だからだ。たとえば伐採跡地や山火事跡地、あるいは火山荒原などである。また、シラビソなどの亜高山針葉樹林で、まとまったカラマツ群落をみることがあるが、そこはかつて広い面積にわたって表土が削られたり、土砂が流入し堆積するような強い攪乱があった場所である。カラマツの種子の初産齢は低く一〇年程度である。カラマツの種子は翼を持った小さ

富士山の火山荒原に定着したカラマツ。カラマツは先駆種である。
明るい攪乱地に定着しカラマツ林を作るが、
日陰に弱いためその林床に自らの稚樹は育ちにくい。
やがて侵入してきた陰樹にその座を譲る。

なもので、風に乗って飛んでゆき、その一部は明るく開けた場所にたどり着く。明るい場所では、カラマツの稚樹は速い生長を見せる。

稚樹が育ち、何十年か後にカラマツ林ができても、その林床にカラマツの稚樹は育ちにくい。もちろん日陰に弱い陽樹だからである。やがて侵入してきたシラビソやコメツガあるいはミズナラにその座を譲る。カラマツの植林地をほっておくと、やはり陽樹のシラカバでさえも侵入してくることがある。カラマツは先駆者として荒地を渡り歩くことに徹しているのである。

カラマツのように強い光を利用する陽樹は、光合成の生産量が高いが、呼吸量（栄養の消費量）も大きい。日陰では、光合成の生産量よりも呼吸量が上回り、赤字になって枯れてしまう。寒冷地に育つカラマツを暖地に植えても生長がよくないことが多いが、気温が高いと呼吸量がうなぎのぼりに大きくなるためだという。

時間的な住み分け

カラマツやダケカンバのような先駆種と、シラビソのような極相種は、同じ場所を、時期を分けながら、交代で住んでいるように見える。時期というのは、いわゆる遷移の段階のことである。森を見ると、一見永久に変わらない姿であるように見えるが、一〇〇年あるいは一〇〇〇年単位の尺度でみると、いつかは必ず森が破壊されるときがくる。それは、山火事であったり、台風であったり、地震や大雨による斜面崩壊であったりする。つまり攪乱である。「諸行無常」の法則は、森にも確実にあてはまる。

森の中は暗いため、陽樹よりも陰樹のほうが競争力が強い。それなのに、陽樹が絶滅せずに生き残っているのは、森に攪乱があるためである。陽樹は攪乱がおきたギャップを渡り歩くことによって、生き延びている。

そして攪乱にもさまざまなタイプがある。広い面積にわたる攪乱もあれば、小さな攪乱もある。頻繁に起こる攪乱もあれば、低い頻度の攪乱もある。高木だけが破壊される攪乱もあれば、低木や草まで破壊される攪乱もある。土壌まで消えてしまう攪乱もある。その多様さは、さまざまな戦略の樹木にも更新のチャンスを与える。

攪乱は、種の多様性を維持するために、大きな貢献をしているのである。

外見の特徴

樹皮は褐色で、縦に裂ける。
樹形は円錐形である。

球果は卵型で上を向く。
長さ２～３㎝程度と小さい。
鱗片の先が、バラの花びらのように
反り返る。

葉は針葉である。
枝にコブ状の短枝が出て、
その短枝の先に葉が束になってつく。
葉は触るとやわらかい。
葉の長さは、２～３㎝。

33

ハイマツ……空白を制する

亜高山帯よりもさらに標高の高い場所が、高山帯である。
高山帯の最も代表的な樹木は、ハイマツである。
ハイマツの高さは人の背丈よりも低く、
盆栽のように曲がりくねって地を這っている。
この地を這うような樹形には、どんな意味があるのだろうか。

高山帯とは

北アルプスや南アルプスを登っていくと、突然まわりの樹木の高さが低くなり、視界が開けて感動する場所がある。このポイントを、「森林限界」という。森林限界は、高い木が育つことのできる限界で、日本アルプスでは標高二五〇〇メートルくらいにある。そして、森林限界から上には、ハイマツ原やお花畑が広がっている天上の楽園がある。

この楽園を「高山帯」という。森林限界より上の高い木がない植生帯のことだ。日本の高山帯では、ハイマツやダケカンバといった木々の低いものや、お花畑がモザイクのように組み合わさって、美しい景観を見せてくれる。高い木がないがゆえに、周りの山々の眺望も十分に楽しむことができる。

森林限界より上のハイマツ原。ハイマツの地を這う樹形が特徴的だ。

高木を阻む要因

なぜ森林限界を超えると高い木は育たないのだろうか。まず、「寒さ」だ。冬の寒さは樹木の葉や幹の細胞の水分を凍らせる。その時にできた氷は細胞を傷つけ、やがては木を枯らしてしまう。また、春や夏であっても、気温が低いと光合成速度が低下して、あまり栄養を作れなくなり、生育が悪くなる。このほか、土壌が凍結すると根から水を吸収することができなくなったり、土壌凍結により地面が持ち上がり根が切断されるという問題も起こる。しかし、日本の高山帯に高い木が育たない理由は、寒さだけではない。じつは、気温だけから考えると、高山帯のかなりの部分は、本来、高い木が生育できるエリアなのだ。

にもかかわらず、高山帯は、「寒さ」に加えて、「強烈な風」、「積雪の圧力」、「土壌の少なさ」など、さまざまな悪条件が重なった結果、森林が成り立たない場所となっているのである。

強風の与える影響

これらの悪条件の中でも、樹木の生育を特にさまたげているのが「強風」である。冬の日本アルプスでは、想像を絶する風が吹いている。その風の強さは、世界的にみても最高レベルである。特に稜線の近くは風が強い。

強風はどんなダメージを樹木に与えるのだろうか。まず、まれにしか吹かないような烈風によって樹木が倒れたり枝が折れたりする。だがそれ以外にも、日常的に樹木はダメージを受けている。というのは、風が樹木に「水不足」をもたらすからである。樹木が冬の強風にあおられると、飛んできた雪片が当たったり、枝や葉がぶつかり合って、枝や葉が傷ついてしまう。その傷口から水分が蒸発してしまって、「水不足」のため枯れてしまうのだ。

雪に埋もれる戦略

ところがハイマツは、雪の中に「自ら埋れる」ことによって、この強風をやり過ごすのである。ハイマツは背が低く、葉がぎっしりついているので、簡単に雪の中に埋もれることができる。雪の中に埋もれていれば、マイナス以下の温度にはならない。

雪は、まるで「ふとん」のようにハイマツを保温し、しかも、「風よけ」になってくれる。雪に覆われているハイマツは、強風によって葉や枝を傷つけられ水分不足に陥ることはない。また、雪の中は湿度が一〇〇%であり、ハイマツに潤い（水分）を与えてくれる。

雪に埋もれつつあるハイマツ（北アルプス）。
雪は保温、保湿、風除けなどの面で、ハイマツを保護してくれている。
雪の重みは大きいが、ハイマツの幹はしなやかで、積雪の圧力に耐えることができる。

しなやかな強さ

しかし、ハイマツは雪の圧力に押しつぶされないのだろうか。降り積もった雪の重さは想像以上のものがある。雪国でひんぱんに屋根の雪下ろしをするのは、そうしないと雪の重みで家がつぶされてしまうからだ。確かに、雪の圧力は背の高い木にとっては枝や幹が折れる原因になる。しかし、ハイマツの背丈は低く、根元から幹がいくつかに枝分かれして地を這うような形をしている。この幹は、とても柔軟で折れにくいのである。この樹形と、幹の強さのため、雪の下敷きになっても、枝が折れることなく生き延びられるのである。それだけではない。むしろ雪を利用して繁殖もしているのだ。雪によって枝が地表に押し付けられるとその場所から新たに根が生えてきて、クローンができる。そのクローンは母体と切り離されても別な個体として生きていくのである。ユキツバキも行っている伏状更新である。ハイマツは、雪を徹底的に利用しているのだ。

種子散布の秘密

ハイマツが種として生き延びるためには、雪に耐えられるだけでなく、十分な繁殖力がなくてはならない。それには種子の散布が必要である。ところが高山帯は種子繁殖に不利な土地条件がある。高山帯には氷河期に作られた巨岩が多い。寒冷な気候のもとでは、風化作用が激しかったため岩盤にひびが入り、巨岩が大量に生産されるのだ。巨大な岩に累々と覆われた斜面では、土壌は岩と岩の隙間にわずかに形成されるのみで、その量は少ない。こういう土壌が少ない場所では、多くの樹木は侵入するのに非常に時間がかかる。種子が定着できる場所が少ないのだ。ところが、ハイマツは、岩と岩の間に溜まった風化したわずかな砂地の土壌にもホシガラスという鳥に種子を散布してもらうことによって、まんまと侵入しているという。

ハイマツは松ぼっくりの中に種子を挟み込んでいるが、針葉樹の種子にしてはめずらしく、その種子には羽根がない。風に頼らずに、鳥に協力を仰ぐ方向に進化してきたようだ。大きな岩が堆積した場所は、土壌が生成しにくいという樹木にとって不利な面もあるが、一方で地盤が安定していて移動しにくいし、風除けになるというメリットもある。逆に、細かい砂が堆積している斜面では、表土が激しく移動するために、植生が生育できず、荒地となっていることが多い。ハイマツは主に巨岩が堆積する斜面（安定した斜面）に分布し、細かい砂の斜面（不安定な斜面）には生育できないという。

競争を避けて栄える

ハイマツが高山帯で優勢である秘密は、背丈が低く、曲がりくねって地を這うように生えている姿にあった。高山帯は、寒さの厳しい、そして、強風が吹き荒れる場所である。多くの植物が生育できない極限の地といってよい。ハイマツは、その寒さと強風をうまくやり過ごす術を身につけることによって、高山帯の主役になることができたのだ。競争相手がいなければ光を独占できる。高山帯は光合成ができる夏が短いが、降水量は十分にある。ハイマツは葉の密度が大きいため光合成の能力は高く、光を独占できれば短い期間で十分な栄養を作ることができる。

しかし、このハイマツにも欠点がある。極度に耐陰性が弱いため、多種との競争には弱いのである。したがってシラビソなどの森林内（高木の下）では全く育たない。だから森林限界より上に住むよりほかにないのだ。ハイマツは、不利な環境条件に、うまく適応することによって、多種が入り込めない空間で繁栄しているといえるだろう。

◉木の個性と人の暮らし

ホシガラスだけでなく、人間にとってもハイマツの種子は食べられる。アカマツやクロマツの種子は粒が小さくヤニ臭いが、ハイマツの種子は粒が大きく、翼もなく、ヤニ臭もなくておいしい。

ただし、ほとんど流通しない。

いわゆる「松の実」は、韓国料理、イタリア料理、中華料理などによく使われ、中華菓子の月餅にも入っている。「松の実」として日本で売られているのは、ほとんどが中国産のチョウセンゴヨウである。これはハイマツとおなじ五葉のマツで、中国東北部や朝鮮半島で栽培されているという。

外見の特徴

葉は針状で、５本ワンセットになって枝につく。
球果は長さ３～4㎝で、成熟しても開かない。

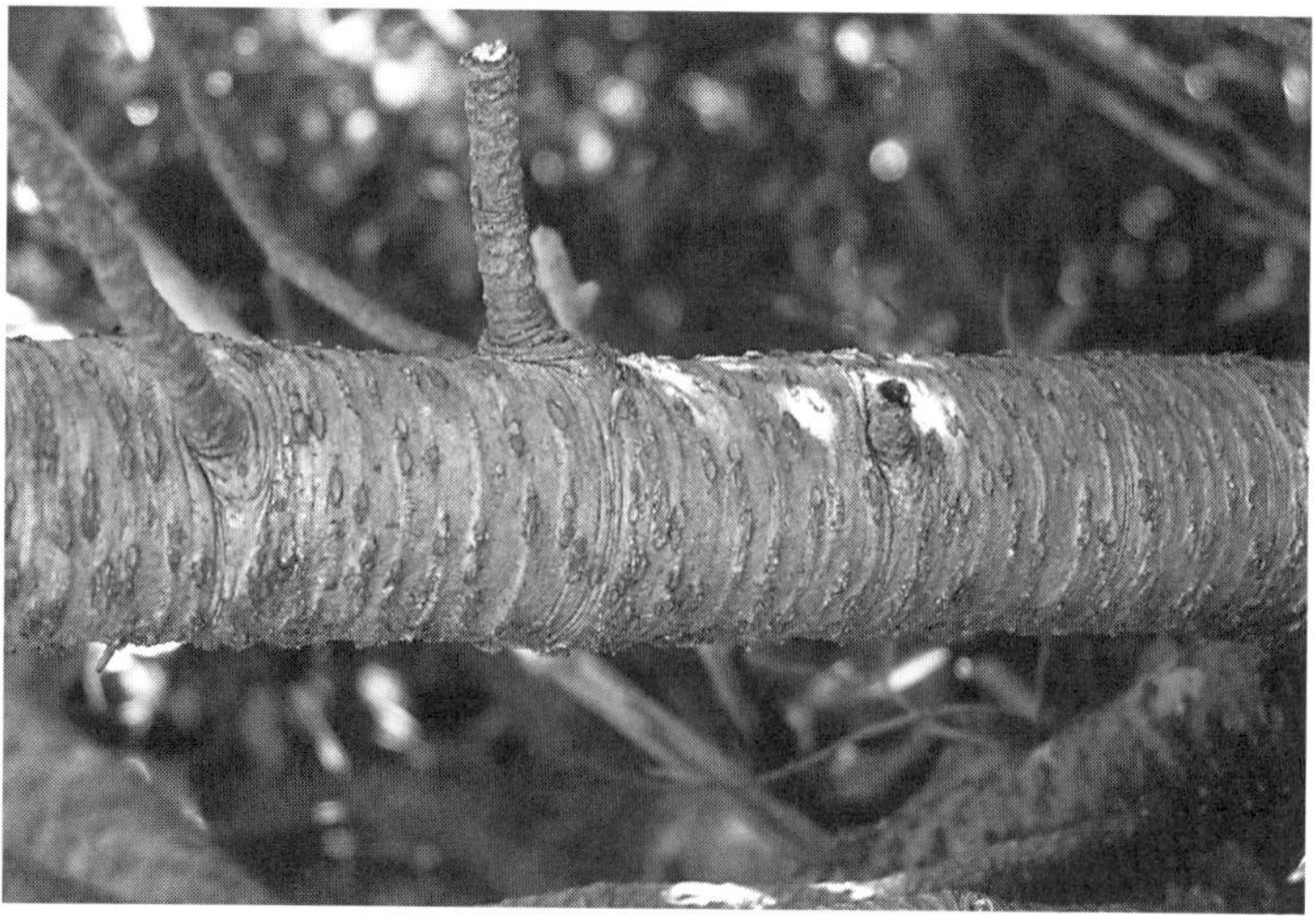

樹皮は灰褐色。主幹は横に広がり、やぶをつくる。

34

ダケカンバ……………しなやかな生き方

ダケカンバは、橙色の樹皮が美しい落葉樹である。寒さに強く、亜高山帯から、森林限界より上の高山帯まで分布する種である。彼らの幹はよく曲がっている。その柔軟性は強さの秘密でもある。

放浪する旅人

ダケカンバは陽樹であり、コメツガやシラビソなどの針葉樹と比べると、耐陰性は低い。したがって、暗い針葉樹林で稚樹が育つのは難しいが、小さくてもギャップができるとすばやく定着して大きく育つ。秋に亜高山針葉樹林の山を眺めると、濃緑色のシラビソやコメツガの森の中に、黄色く色づいたダケカンバの樹冠が、島状に点在しているのが見られる。

しかし、ダケカンバは小さなギャップだけでなく、伐採跡地や山火事跡地など、比較的広い面積の攪乱地にもよく見られる。むしろこちらの方がダケカンバにとっては更新しやすい場所である。攪乱地を渡り歩いているので「放浪種」と呼ばれることがある。

種子の強い散布力

ハイマツが鳥に種子を運んでもらうのに対し、ダケカンバは種子を風で散布する。風まかせの種子散布の場合、明るい開かれた場所に種子が到達するためには、広く種子を散布しておく必要がある。このため、ダケカンバは翼をもった小さな種子を大量に作り、風にのせて飛ばしている。ただし、近縁のシラカバと比較すると、ダケカンバの方が種子は大きく、逆に種子の数は半分程度と少ない。遠くまで種子を飛ばそうとすると種子を小さく軽くしなければならない。しかし、小さな種子は芽生えの時期に使える栄養が少ないために育ちにくいというジレンマがある。

ダケカンバはシラカバよりももっと寒い場所（亜高山帯〜高山帯）で生きている。芽生えが育つ環境が苛酷なので、散布距離を犠牲にしても、種子に多めの栄養を持たせる方が、有利なのかもしれない。

周到な保険

ダケカンバは、基本的には森の中で子孫を育てるというよりは、攪乱によってできた明るい開けた土地に種子を散布し、速く生長して定着する戦略をもっている。しかし、種子による更新がうまくいかない場合に備えて、別な方法も用意している。萌芽更新である。ダケカンバは、森林限界に近いような厳しい環境では、萌芽によって更新しているのだ。これは実生が定着できないからだ。萌芽更新によって、個体の寿命は三〇〇年くらいまで延びるという。複数の繁殖方法を用意していることは、種としての生き残りに大きく貢献している。

斜面を這うように伸びるダケカンバ（富士山）。
ダケカンバは、幹がしなやかさに曲がり、雪の圧力や雪崩の衝撃に耐える能力が高い。
その能力はハイマツよりも高いため、雪が移動しやすい谷筋にダケカンバ、
雪が移動しにくい尾根筋にハイマツというように住み分けることがある。

雪に耐えるしなやかな幹

ダケカンバは、その根元が雪の圧力でJ字型に曲がっていることがよくある。その幹は強力なばねのように、しなやかで強い。ダケカンバは、雪の圧力に応じて地を這うように曲がる能力があるから、斜面をずり落ちる雪の圧力や雪崩の衝撃に耐えられるのだ。

その能力は高山帯のライバルであるハイマツのそれをうわまわる。ダケカンバとハイマツは、雪が移動しやすいか否かで、住み分けをすることが多い。つまり、雪が移動しやすい傾斜地や谷筋にダケカンバ、移動しにくい尾根筋にハイマツが多い傾向があるのだ。

もちろん、シラビソやコメツガといった針葉樹よりも積雪に強いため、彼らともダケカンバは住み分けることがある。

樹形を変える能力

ダケカンバの強さの秘訣は、環境に合わせて体のサイズや形を変える能力である。高山の雪や風に耐えて生き残るには、背丈を小さくして幹を太くさせたり、根元から幹を枝分かれさせたり、地面を這うような形をとったりするなど、樹形を変化させる能力が必要だ。標高が高くなると、次第にダケカンバの樹形が変化するのがよくわかる。もともと、ダケカンバは高木なのだが、変幻自在に樹形を変えることができるのだ。

針葉樹林の中ではまっすぐ伸びて光の獲得に有利な高木になり、森林限界に近い場所では、低木や地を這うような樹形となって、雪や風に耐える。高木にも低木にもなれる能力をもっているということは環境への適応の幅が広いといえるだろう。

ダケカンバは年齢によっても樹形を変えることがある。森の中のダケカンバの老木は株立ち樹形をしていることがある。小さなギャップに定着したダケカンバは、若い時期には株立ちせず単一の幹をできるだけ速く伸ばして高さを稼ぎ、高さを確保したら根元から株立ち用の萌芽枝を出して太らせ複数の幹により樹冠を少しでも横に広げようとする。長生きしていると、周りに空間ができることもあるからだ。

ハイマツとダケカンバ

ハイマツとダケカンバは匍匐型の樹形になることができ、耐寒性に優れている点で共通するが、生活の仕方はかなり違う。たとえば、ハイマツは常緑樹だが、ダケカンバは落葉樹である。落葉した以

針葉樹林に点在するダケカンバ。斜面に点在する明るい点がダケカンバで、
そのほかの暗い部分はシラビソなどの針葉樹。
ダケカンバはハイマツと違って、森の中でもギャップがあれば育つ。

上、春に全ての葉を開かなければならない。幼い葉は凍結に弱いため、寒冷地では、晩霜の害を避けるために開葉の時期をかなり遅らせる必要がある。ダケカンバの開葉は、より暖かい場所に育つ近縁のシラカバの葉開時期よりもずっと遅い。

葉を開くのが遅い落葉樹は、光合成期間が短くなってしまうという欠点がある。が、それでもダケカンバが高山帯に繁栄しているのは、強い光を利用して、短い夏に一気に光合成を行う能力にたけているからなのだろう。

しかし、ハイマツとの最大の相違点は耐陰性の違いである。ハイマツは、極度の陽樹であるため、シラビソなどの森林内（高木の下）では全く育たない。しかし、ダケカンバは陽樹とはいえ、ある程度の耐陰性があるため針葉樹林内でもギャップがあれば育つのである。

　ハイマツは、森林限界より上の場所にしか生きられないが、ダケカンバは広い攪乱地だけでなく、針葉樹林の中でもギャップを渡り歩きながら子孫を維持している。ダケカンバは、その体と同様に、柔軟性のあるしなやかな生き方をしているように見える。

外見の特徴

葉は三角形で鋸歯がある。側脈は 6 ～ 11 対。

樹皮は灰白色が基調だが、赤みがかり、
橙色になることが大きな特徴。
薄くはげることが多い。横に長い皮目がある。
シラカバのような「へ」の字型の落枝痕はない。

35

ハクサンシャクナゲ……低木の強さ

シャクナゲは庭木としても人気のある木であるが、山歩きのときに出会う花も美しい。特に亜高山帯や高山帯ではまとまった群落に出会うことができる。シャクナゲのほかには寒冷地に生きる常緑広葉樹はあまり類を見ない。彼らはどのように寒冷な環境に適応してきたのだろうか。

多彩な日本のシャクナゲ

シャクナゲは、ツツジ科ツツジ属に属する常緑の低木である。シャクナゲ類はヨーロッパ、アジア、北アメリカに広く分布し、多くの種を持つ。日本では、キバナシャクナゲ、ハクサンシャクナゲ、アズマシャクナゲが、高山帯~亜高山帯に分布し、それより低い山地にはホンシャクナゲ、ツクシシャクナゲ、ホソバシャクナゲが分布し、地域的な住み分けが見られる。

日本列島へは、シャクナゲはどのように移動してきたのだろうか。日本のシャクナゲは、ユーラシアからやってきたらしい。面白いことに、日本に自生するシャクナゲには、北方から北海道をにへて本州を南下したルートできたグループ（北方系）と、中国や台湾から九州を経て北上したグループ（南方系）の二つがあるという。

亜高山にみられるシャクナゲを取り上げると、アズマシャクナゲは南方系で、中部地方の冷温帯や亜高山帯に分布し、ハクサンシャクナゲは北方系で、中部地方から北海道にかけての亜高山帯に分布する。北から来た種と、南から来た種が、日本列島で出会い、さらに、さかんに種分化を繰り返してきたようである。

寒冷地で起こる適応

気候が変動したり、あるいは分布を広げる過程で、寒冷化、乾燥化などに遭遇した場合、樹木は体の構造を変えたり、生活の仕方を変えることによって、環境の変化に耐えられるようにする。このような対応を「適応」という。樹木が落葉性を獲得したのも、寒さや乾燥に対する適応のひとつである。

ネパールヒマラヤには多くの種類のシャクナゲが見られ、亜熱帯から高山帯（〜五〇〇〇メートル）まで分布している。ヒマラヤのシャクナゲは、標高が高くなるにつれて樹高が低くなる。これは寒さや風に対して適応した結果であろう。

興味深いことに、これらのシャクナゲの木材を調査した結果、同じ種であっても標高が高い場所に分布する個体になるほど、小径の道管をもっていることがわかったという。春や秋に道管の中の水が凍結と融解を繰り返すと、管内に気泡が発生しやすくなる。気泡は水柱を途切れさせ、水が上昇することを妨げる。小径の道管であれば、凍結と融解が起こりにくく、気泡による障害を防ぎやすいという。彼らはパイプの太さを小さくして、寒さに耐える方向に適応したのである。

日本の亜高山に生えるハクサンシャクナゲも寒さに対してうまく適応している。ハクサンシャクナゲの葉は、葉の細胞の内部の水分を脱水するなどの工夫によって、細胞内部が凍結することを防ぎ、マイナス七〇℃まで凍結に耐えることができるという。

また、寒冷地では樹木は乾燥にも耐えなければならない。ハクサンシャクナゲは冬に葉をくるりと丸めて棒のようになっているのを見ることができるが、これは葉の表面からの水分の蒸発を防ぎ、乾燥に耐えるためである。

棒のように葉を丸めるシャクナゲ。
寒さや乾燥に対する適応である。

生き残るための適応

ある個体の形質（体の形や特徴）が変化し、その形質が子孫に遺伝し、かつ生存に有利ならば、その形質を持った子孫はより多く生き残り、増えていく。新たな形質が遺伝するということは、遺伝子が変化したということである。遺伝子が変わるのは、遺伝子や染色体が変異するためであって、個体の意志で行っているものではない。ある木が、寒さに強い体にしようと思って、自らの体を鍛えて形質を変えるわけではない。変異した遺伝子を持つ個体（変わり者）が、その後繁殖しながら増えていけるかは、自然淘汰の力と偶然によって決まる。環境に適応していれば、繁殖しながら生き延びることができる可能性が高い。

ある樹種が絶滅せずに生き延びているということは、全体としてみれば環境に適応しているといえるだろう。しかし、どのように適応したのかを想像しにくい形質も少なくない。樹木が現在備えている形質の中には、現在とは異なる過去の環境下で獲得した形質が、「なごり」として残っていることもあるかもしれない。その形質があまり適応的でなくても、特に不利でなければ残っている可能性もある。また、寒さや乾燥などのような「物理的環境」に対する適応だけでなく、生物間の関係から生じる、「社会的な」適応もある。たとえばシャクナゲが低木であることもそのひとつである。

低木のメリット・デメリット

ハクサンシャクナゲなど亜高山のシャクナゲは、ハイマツ原に混じることもあるが、針葉樹の林内にも生えていることが多い。ただし低木か亜高木であって、それほど大きくならない。低木の最大の不利は、日当たりが悪いことである。しかしシャクナゲは、少ない光をうまく使って生き延びる能力をもっている。光合成の生産量は少ないが、呼吸によるエネルギー消費も少なくして、生きるための栄養を確保しているのだ。このため耐陰性が高く、針葉樹の下でも生育が可能である。

低木には、メリットもある。たとえば、体が小さいので水不足になりにくい。また、林内は風当たりも弱いし、湿度も高い。背が低ければ雪に埋もれるチャンスもある。雪に埋もれてしまえば、低温

亜高山針葉樹林の林床のハクサンシャクナゲ。
シャクナゲはあまり大きくならない木である。
耐陰性が高いため、暗い針葉樹の林内でも生きていける。耐陰性が高いのは、
光合成の生産量は少ないが、呼吸によるエネルギー消費を節約できるからだ。

や乾燥から守られる。そして暗い林内には競争相手のハイマツやダケカンバなどの陽樹があまり侵入してこない。

常緑のメリット・デメリット

シャクナゲの葉は、厚くてつやがある常緑の葉である。亜高山帯ではシャクナゲやほとんどの針葉樹が常緑樹であるが、ダケカンバやカラマツは落葉樹である。

落葉樹には生育に適さない冬に葉を落として休眠できるという利点があるが、春になってから新しい葉を開くのに時間がかかるという欠点もある。生育期間の短い寒冷地では、春先に光合成で生産する栄養はばかにならない量となる。

コスト面からも、落葉樹は毎年すべ

ての葉を作らなければならないので、葉の製造コストを短期間で回収するには、日当たりのいい場所で、高い能率で光合成をする能力が必要となる。カラマツやダケカンバは落葉樹であり、強い光を利用して高い光合成生産をする能力がある。その半面、彼らは日陰で弱い光を利用して一定の光合成生産をする能力は低い。同じ木が、強い光も弱い光も両方利用するというのは、難しいのである。

低木が常緑である理由

寒冷地の低木は、常緑が有利であるという。夏（生育期間）が短い寒冷地では、ひと夏に生み出せる光合成の生産量はたかがしれている。一方、寒冷地ではある程度は寒さと乾燥に強い葉を作らねばならず、それなりに葉の「製造コスト」がかかる。

このため一度作った葉の製造コストを回収するには、何年（何回かの夏）も必要とする。したがって、シャクナゲなどの弱い光を利用するタイプの低木は、葉を何年も使う「常緑」であるほうが有利となる。寒冷地の常緑樹は、一般に葉の寿命が長い。シラビソの葉は一〇年くらいもつものもあるという。

低木として生きるという戦略は、他の樹木との関係において選択されたものである。このように考えると、低木であることや常緑であるという性質には、生物間での社会的適応の面もあることになる。樹木にとっては、耐凍性などのように物理的な環境に対する適応だけでなく、生物どうしの社会的な適応も生きるために重要な条件である。

外見の特徴

葉は枝先に車輪状につく。葉は裏側にそりかえる。葉の表面は革質で
つやつやと光沢がある。葉の裏には毛が密生していて薄茶色を帯びる。

ハクサンシャクナゲの花は
白色〜淡紅色で、
花弁には薄紅色の縦の線と、
淡緑色の斑点が入る。
アズマシャクナゲの花は濃い紅色。

樹皮には細かい裂け目が入る。

36

ミヤマナラ……………重圧に挑む

東北の山には、ササ原や落葉樹の低木しか見られない場所がある。こういうところは高木がないので眺めが良く、歩いていても気持ちがよい。なぜ、このような、さえぎる物のない明るい景観が広がっているのだろうか。

もう一つの森林限界

理由は、「豪雪」である。東北地方の日本海側や上越の山は、世界一の「豪雪地帯」にある。そこは、気温からみると森林（亜高山針葉樹林）が成立しうるのだが、豪雪のため高い木が生育できずに、かわりにササ原や落葉樹（ミヤマナラなど）の低木林となっているのである。つまり、豪雪のために森林が成立できない場所なのである。たとえば、鳥海山や月山、飯豊連峰、あるいは上越の谷川岳など、東北地方や上越地方の山に登ると、亜高山針葉樹の代わりに、チシマザサなどのササ原や、ミヤマナラやミネカエデ、ナナカマド、ミヤマハンノキなどの落葉樹の低木林が広がっている。

このような、さえぎる物のない明るい景観が広がっている場所を「偽高山帯《ぎこうざんたい》」という。「偽」とは失礼な言い方だが、こんな字が頭についたのは、「高山帯に似て非なるもの」であるためだ。日本アルプスでは森林限界を超えるとハイマツなどの低木林がよくみられ、その高い樹木がないエリアは「高山帯」とよばれることがある。東北や上越の山に見られるササ原や低木林は、一見すると高い木がない高山帯のような景観であるが、本来は森林が成立するはずの場所なので、「偽」の字を冠しているのだ。

なぜ豪雪に強いのか

豪雪地である偽高山帯の植生の代表として挙げられるのが、ミヤマナラである。ミヤマナラは、ミズナラとよく似ている落葉樹であるが、ミズナラは幹が太い高木になるのに対して、ミヤマナラは高さ三メートル以下の低木で、葉や種子がミズナラよりも一回り小さい。偽高山帯によく見られるということは、ミヤマナラは、針葉樹やブナなどの高木が育たない豪雪地でも育つことができるということである。なぜミヤマナラは豪雪地でも育つのか。それは、幹の強さと樹形に秘密がある。

ミヤマナラは、「低木」に徹している。背の高い針葉樹が、積雪の重みで枝や幹が折れている光景はよく見られる。低木であればこのような問題は避けられる。雪に埋もれてしまえばいいのだ。もちろん雪に埋もれても雪の重圧がかかる。特に斜面では、ずり落ちる積雪が樹木の幹をしならせる。急斜面では雪崩も強い破壊力をもっている。しかし、ミヤマナラの幹は、粘り強く、よくしなるために、雪の圧力によく耐えることができる。その樹形にも秘密がある。ミヤマナラは萌芽力が強く、根元から枝分かれした幹が、地面を這うように伸びる樹形をとっている。地面から垂直に単立する針葉樹と

偽高山帯（山形県の月山）の景観。高山帯に似ている景観だが、
寒さのためではなく雪が多すぎるために森林が成り立たない場所である。

は対照的な樹形を採用しているわけだ。もともと地を這うような姿なので、雪に埋もれても、幹は地面に押し付けられはするが、折れるほど激しく変形するわけではない。たくさんの幹を出しておけば、一部が折れても個体として死ぬことは避けられる。ミヤマナラは、豪雪によく適応した樹木なのである。

豪雪への適応進化

ミヤマナラは、ミズナラを一周り小さくしたような木である。亜高山では、強風のために樹木が矮木（本来の大きさに生長できずに小さいままの姿の木）になることがある。一見ミズナラが、矮木化しただけに見えるが、一応、種としては別のものである。もっとも、ミズナラとミヤマナラは遺伝的には非常に近縁で、ミズナラとミヤマナラが交配し雑種を生むこともある。しかし、厳密にいえばミヤ

雪に埋もれる樹木（山形県朝日岳）。
樹木にかかる雪の圧力は想像を絶する。

地を這うミヤマナラの樹形。
雪の圧力によく耐える。

マナラは、かなり最近（といっても五万年くらい前）、日本海側に雪が多い環境が生まれたときに、積雪の多い環境に適応してミズナラから種分化したものらしい。また、ミヤマナラが著しい低木の形をとるのは、強風や土壌の養分の少なさも影響しているようだ。

雪に耐えて低木の樹形をとるのは、樹木にとって容易ではない。ミヤマナラのほかにも、日本海側では、ユキツバキ、エゾユズリハなどの常緑樹が、しなやかで強い幹を分岐させ、低木の形をとってうまく積雪に適応している。

種分化のメカニズム

このような種分化はどのようにして起こるのだろうか。種分化は、二つの段階（遺伝子の変異と自然淘汰）を経て起こる。まず、遺伝子が突然変異を起こすことによって、姿形や体質が親と違う「変わり者」が生まれる。樹木が種子（子供）を作る過程では、親の遺伝子を子供にコピーして渡すわけだが、その時にコピーミスが起こることがある。このため、ある程度の割合で遺伝子が変異した個体が生まれてしまうのだ。変わり者が生まれる原因は、遺伝子の突然変異だけでなく、染色体（遺伝子がまとまったもの）の数が変化することによっても起こる。

次の段階として、自然淘汰が起こる。「変わり者」が環境にうまく適応していれば生き残り、適応していなければ淘汰されてしまう。そこにはもちろん運（偶然）の力も働くが、基本的にはうまく適応したものが選択されて生き残り、しだいに増えて行って、新たな種（娘種）として成り立つ。環境へ適応できる性質とは、たとえば、寒さや乾燥に耐えられたり、動物・昆虫との協力関係が上手で子孫を残しやすいなどの性質である。もし、もとの種（母種）と、新たに分化した種（娘種）が、たがいに交配が不可能になれば、完全な新種とみなせる。ミヤマナラの場合、ミズナラを母種として、豪雪という自然淘汰の力を受け、豪雪に適応して分化した種ということになる。

スキマに栄える

偽高山帯にはいつごろから森がなかったのだろうか。その答えは、少なくとも最終氷期にまで時間をさかのぼっても、一貫して偽高山帯には森が成立していなかった。しかし、その理由は氷河期と現在とでは異なる。現在は「雪」のために森が成立していないのだが、氷河期は「寒さ」のため森林が成立しなかったのだ。偽高山帯のある場所は、最終氷期には、高山ツンドラといわれる岩がゴロゴロしている沙漠のような荒地だった。気温が低すぎて針葉樹でさえ育たない場所だったのである。その後、一万年前あたりから暖かくなってきたのだが、今度は雪がたくさん降るようになってしまって、積雪に弱い針葉樹は分布を広げられなかった。このため、そこは、森林の空白地でありつづけた。この樹木にとってあまりにも過酷な「見捨てられた地」にミヤマナラなどの落葉樹の低木が入り込んでいったのである。豪雪地という環境は厳しいが、それに耐えられさえすれば、競争相手が少ないという利点もある。そこは、競争相手が少ない「スキマ」なのである。

過酷な環境で、低木化することにより、繁栄している点はハイマツと共通する。ハイマツは、「強風」という悪条件を逆手にとって繁栄しているわけであるが、ミヤマナラは、「豪雪」という悪条件を逆手にとってしたたかに生き延びているのである。

遺伝子の多様性がもたらしたもの

生物が分布を広げようとする営みや、遺伝子を多様化させようとする営みは、環境の変化に対して、地球上の生物（生命系統）が生き延びることに役に立ってきたようだ。たとえ気候が変化しても、寒さに強い種、暑さに強い種、風に強い種、雪に強い種、とさまざまなタイプが存在していれば、いずれかが生き残れるだろう。地球の生物の歴史においては、多くの生物種が絶滅したほどの環境変化が、五回ほど起きたようである。しかし、多くの生物が絶滅しても、生き延びた生物がその後進化を再開し、再び多様な生物相が取り戻された。もちろん、回復に長い時間がかかったし、絶滅に瀕した以前と同じ種に戻るわけでは決してなかったのだが、それでも生物の繁栄を取り戻したことを考えると、生物の分布の多様性や、遺伝子の多様性という手段は、地球上の生物（生命系統）が存続するための、すぐれた保険であるようだ。

外見の特徴

堅果（ドングリ）もやはり
ミズナラのものよりも一回り小さい。

葉はミズナラとよく似ているが、
一回り小さい。

樹皮は灰白色で平滑、横に縞模様が入る。

◉主要参考文献

渡邊定元（一九九四）『樹木社会学』東京大学出版会

岩槻邦男・加藤雅啓 編（二〇〇〇）『多様性の植物学』（全三巻）東京大学出版会

水野一晴 編（二〇〇一）『植生環境学』 古今書院

梶本卓也・大丸裕武・杉田久志編著（二〇〇二）『雪山の生態学』東海大学出版会

小池孝良 編（二〇〇四）『樹木生理生態学』朝倉書店

【著者紹介】

渡辺一夫（わたなべ・かずお）

一九六三年生まれ。森林インストラクター。農学博士。
東京農工大学大学院修了後、河川、砂防関係の仕事を経て、
森林インストラクター（森の案内人）となる。
中学生の頃より山に登り始め、現在も主に関東近郊の山を歩いている。
山や川をつくる大地の力と、樹木のしたたかな生き方に興味がある。
著書に『森林観察ガイド』（築地書館）がある。

イタヤカエデはなぜ自ら幹を枯らすのか――樹木の個性と生き残り戦略

二〇〇九年一〇月二〇日　初版発行
二〇一五年一二月一五日　六刷発行

著者――渡辺一夫
発行者――土井二郎
発行所――築地書館株式会社
東京都中央区築地七-四-四-二〇一　〒一〇四-〇〇四五
電話〇三-三五四二-三七三一　FAX〇三-三五四一-五七九九
ホームページ =http://www.tsukiji-shokan.co.jp/
組版・装丁――新西聰明
印刷・製本――シナノ印刷株式会社

© Kazuo Watanabe 2009 Printed in Japan.
ISBN 978-4-8067-1393-7 C0045

・本書の複写、複製、上映、譲渡、公衆送信（送信可能化を含む）の各権利は築地書館株式会社が管理の委託を受けています。
・JCOPY 〈出版者著作権管理機構 委託出版物〉
本書の無断複製は著作権法上での例外を除き禁じられています。複製される場合は、そのつど事前に、出版者著作権管理機構（TEL 03-3513-6969、FAX 03-3513-6979、e-mail: info@jcopy.or.jp）の許諾を得てください。

くわしい内容はホームページで。URL=http://www.tsukiji-shokan.co.jp/

●築地書館の樹木の本

◎総合図書目録進呈。ご請求は左記宛先まで。
〒一〇四―〇〇四五　東京都中央区築地七―四―四―二〇一　築地書館営業部
《価格（税別）・刷数は、二〇一五年一二月現在のものです》

公園・神社の樹木
樹木の個性と日本の歴史
渡辺一夫［著］　◎2刷　一八〇〇円＋税
人と樹木のかかわり、樹木の生き方、魅力を再発見。ユリノキが街路樹として広まったのはなぜ？　イチョウの木が信仰の対象になった理由は？　樹木を通して公園と神社の歴史を深く知り、樹木の個性もわかる本。

アセビは羊を中毒死させる
樹木の個性と生き残り戦略
渡辺一夫［著］　二〇〇〇円＋税
森で起きている樹木たちのドラマを知れば、樹木がもっと身近に、もっと楽しくなる。生き急ぐクスノキ、空間の魔術師フジ……。個性あふれる生き残り戦略、競争、繁殖、死……28の樹木のスリリングな物語！

街路樹を楽しむ15の謎
渡辺一夫［著］　一六〇〇円＋税
シダレヤナギは奈良時代からのクローン？　タブノキ1本の防火効果は、消防車1台分。イチョウ、ケヤキ、ハナミズキ……なぜこの街路にこの樹木が？　誰でも知っている街路樹15種の知られざる横顔を、人の暮らしとのかかわりや、歴史、エピソードをまじえて語る。

森林観察ガイド
驚きと発見の関東近郊10コース
渡辺一夫［著］　一六〇〇円＋税
森林散策の「どうして？」「なぜ？」に答える待望のフィールドガイド。森林インストラクター（森の案内人）ならではの豊富なウンチクと情報。樹種の見分け方や、森林の成り立ちがわかるコラムも収録。

くわしい内容はホームページで。URL=http://www.tsukiji-shokan.co.jp/

●築地書館の樹木の本

樹は語る

芽生え・熊棚・空飛ぶ果実

清和研二［著］　◎2刷　二四〇〇円＋税

森をつくる樹木はさまざまな樹種の木々の中でどのように暮らし、次世代を育てているのか。発芽から芽生えの育ち、他の樹や病気との攻防、種子散布の戦略まで、80点を超える緻密なイラストを交えて紹介する。

多種共存の森

1000年続く森と林業の恵み

清和研二［著］　二八〇〇円＋税

日本列島に豊かな恵みをもたらす多種共存の森。その驚きの森林生態系を最新の研究成果で解説。このしくみを活かした広葉樹、針葉樹混交での林業・森づくりを提案する。

森のさんぽ図鑑

長谷川哲雄［著］　◎2刷　二四〇〇円＋税

普段、間近で観察することがなかなかできない、木々の芽吹きや花の様子が、オールカラーの美しい植物画で楽しめる。300種におよぶ新芽、花、実、昆虫、葉の様子から食べられる木の芽の解説まで、身近な木々の意外な魅力、新たな発見が満載。

野の花さんぽ図鑑

木の実と紅葉

長谷川哲雄［著］　◎2刷　二〇〇〇円＋税

散歩が楽しくなる、新たな発見がいっぱい。樹木を中心に、秋から初春までの植物の姿を、繊細で美しい植物画で紹介。250種以上の植物に加え、読者からのリクエストが多かった野鳥も収録。